建筑工程 管理中的
BIM 技术应用研究

杨方芳　李宏岩　王　晶◎著

中国纺织出版社有限公司

内 容 提 要

本书首先研究了建筑工程管理的相关内容，分析了BIM技术应用于建筑工程的价值及保障。其次分析了业主方、设计方、施工方等对BIM技术的应用，并结合实际案例进行了探讨。最后对建筑工程管理中BIM技术的应用前景进行了展望，并对基于BIM技术的建筑综合管理系统进行了设计，希望能帮助建筑工程管理走出困境。本书逻辑清晰，语言简洁，图文并存，还结合了一些具体案例，适合想要了解建筑工程管理中的BIM技术应用的各类人群。

图书在版编目（CIP）数据

建筑工程管理中的 BIM 技术应用研究 / 杨方芳，李宏岩，王晶著 . -- 北京：中国纺织出版社有限公司，2022.7

ISBN 978-7-5180-9657-2

Ⅰ . ①建⋯　Ⅱ . ①杨⋯　②李⋯　③王⋯　Ⅲ . ①建筑设计－计算机辅助设计－应用软件－研究　Ⅳ . ① TU201.4

中国版本图书馆 CIP 数据核字（2022）第 113381 号

责任编辑：王 慧　　责任校对：高 涵　　责任印制：储志伟

中国纺织出版社有限公司出版发行
地址：北京市朝阳区百子湾东里 A407 号楼　邮政编码：100124
销售电话：010—67004422　传真：010—87155801
http://www.c-textilep.com
中国纺织出版社天猫旗舰店
官方微博 http://weibo.com/2119887771
天津宝通印刷有限公司印刷　各地新华书店经销
2022 年 7 月第 1 版第 1 次印刷
开本：710×1000　1/16　印张：15.25
字数：239 千字　定价：88.00 元

前　言

在经济与社会的全面发展之下，人们对于生活质量的要求逐步提高，尤其是对建筑工程质量的要求越来越高。传统的建筑工程施工、管理方式在实际应用中，虽然能够使得项目顺利完成，但是总体来说管理水平是比较低的，根本无法满足当前建筑工程领域的应用需要。因此，施工单位应该积极引入先进的计算机信息技术，以促进建筑工程质量、进度、成本等环节的科学化管理，使建筑工程能够按照相关法律标准顺利实施，推动建筑行业的全面发展和进步。

BIM是建筑信息模型的简称，在信息化技术的快速发展及推动下，BIM技术已逐渐与建筑工程实现了融合发展。在BIM技术应用于建筑工程管理后，建筑工程行业发生了革命性的变化：BIM技术可以将施工过程虚拟建模，并且可以反复修改验证，实现施工过程的精细化、统一化和高效率化管理，解决了传统建筑工程管理的缺点，节约了施工成本，提高了施工速度，保证了建筑工程的高质量。

本书共九章，第一章分析了建筑工程管理的内容和意义、现状及控制措施、信息化发展，分析了BIM技术的概念和特征，还分析了BIM技术应用于建筑工程的价值；第二章阐述了建筑工程管理中BIM技术的应用保障；第三章至第六章分别从建筑工程的业主方、设计方、施工方和验收阶段等角度介绍了BIM技术的应用；第七章分析了建筑工程管理中BIM技术的应用案例；第八章研究了建筑工程管理中BIM技术的应用前景；第九章在前几章内容的研究基础上，探讨、分析了基于BIM技术的建筑综合管理系统的设计，希望能够帮助摆脱建筑工程管理的困境。

在撰写本书的过程中，笔者参考引用了国内外同行的研究成果与资料，在这里表示深深的感谢！由于笔者的水平有限，书中难免存在纰漏之处，恳请广大读者与同行批评、指正。

杨方芳

2021年12月

目　录

第一章 绪 论

本章作为本书的第一章，是后续章节论述建筑工程管理中BIM技术应用的基础，分析了建筑工程管理的内容和意义、现状及控制措施、信息化发展，分析了BIM技术的概念和特征，还分析了BIM技术应用于建筑工程的价值。

第一节　建筑工程管理的内容和意义

建筑工程管理是指在一定约束条件下，以建筑工程为对象，以最优实现建筑工程目标为目的，以建筑工程经理负责制为基础，以建筑工程承包合同为纽带，对建筑工程进行高效率的计划、组织、协调、控制和监督的系统管理活动。

一、建筑工程管理的内容

在建筑工程施工过程中，为了实现各阶段目标和最终目标，在进行各项活动时都要加强管理，具体内容包括：建立项目管理组织、目标管理、资源管理、合同管理、采购管理、信息管理、风险管理、沟通管理、安全管理和后期管理等，下面一一进行具体说明。

（一）建立项目管理组织

①由企业采用适当的方式选聘称职的施工项目经理。

②根据施工项目组织原则选用适当的组织形式，组建施工项目管理机构，

明确责任、权限和义务。

③在遵守企业规章制度的前提下，根据施工项目管理的需要制定施工项目管理制度。

（二）建筑工程的目标管理

建筑工程的目标有阶段性目标和最终目标，实现各项目标是建筑工程项目管理的目的。因此，应当坚持以控制论原理为指导，进行全过程的科学管理。建筑工程的控制目标主要包括进度目标、质量目标和成本目标，相应地，也就有进度管理、质量管理和成本管理。❶

（三）建筑工程的资源管理

建筑工程的资源是项目目标得以实现的保证，主要包括：人力资源、材料、机械设备、资金和技术。建筑工程资源管理包括以下内容。

①分析各项资源的特点。

②按照一定原则方法对项目资源进行优化配置并对配置状况进行评价。

③对建筑工程的各项资源进行动态管理。

（四）建筑工程的合同管理

建筑工程管理是对市场条件下进行的特殊交易活动的管理，因此必须依法签订合同，进行履约经营。合同管理的水平直接涉及项目管理及工程施工的技术经济效果和目标实现，因此，要从招投标开始，加强工程承包合同的策划、签订、履行和管理。为了取得经济效益，还必须注意处理好索赔。在具体索赔过程中要讲究方法和技巧，提供充分的证据。

（五）建筑工程的采购管理

建筑工程在实施过程中，需要采购大量的材料和设备等。施工方应设置采购部门，制订采购管理制度、工作程序和采购计划，施工项目采购工作应符合有关合同、设计文件所规定的数量、技术要求和质量标准，符合进度、安全、环境和成本管理等要求。产品供应和服务单位应通过合格评定。采购过程中应按规定对产品或服务进行检验，对不符合或不合格品应按规定处置。采购资料应真实、有效、完整，具有可追溯性。

（六）建筑工程的风险管理

建筑工程在实施过程中不可避免地会受到各种各样不确定性因素的干扰，

---

❶ 刘晓丽.建筑工程项目管理（第2版）[M].北京：北京理工大学出版社，2018：7.

并引发项目控制目标不能实现的风险。因此，项目管理人员必须重视建筑工程项目风险管理并将其纳入工程项目管理之中。建筑工程风险管理过程应包括施工项目实施全过程的风险识别、风险评估、风险响应和风险控制。

（七）建筑工程的沟通管理

沟通管理是指正确处理各种关系。沟通管理为目标控制服务。沟通管理的内容包括：人际关系、组织关系、配合关系、供求关系及约束关系的沟通协调。这些关系发生在施工项目管理组织内部、施工项目管理组织与其外部相关单位之间。❶

（八）建筑工程的安全管理

安全管理关键在于安全思想的建立、安全保证体系的建立、安全教育的加强、安全措施的设计，以及对人的不安全行为和物的不安全状态的控制。引进风险管理技术，加强劳动保险工作，以转移风险，减少损失。着重做好班前交底工作，定期检查，建立安全生产领导小组，把不安全的事和物控制在萌芽状态。

（九）建筑工程的后期管理

根据管理的循环原理，项目的后期管理就是管理的总结阶段。它是对管理计划、执行、检查阶段经验和问题的提炼，又是进行新的管理信息的来源，其经验可作为新的管理制度和标准的基础，其问题有待下一循环管理予以解决。

二、建筑工程管理的意义

建筑工程质量的优劣将会直接影响到人民群众的生命安全，因此，在建筑施工过程中，建设部门要加强工程管理，确保工程质量。从整体来看，建筑工程管理主要有以下四个方面的意义：第一，通过对建筑工程的管理监督，能够尽可能地保证工程按照预定工期进行，不会出现一些延期与误期等现象，另外，在保证施工工期的基础上，还可以督促工程保质保量地完工。第二，在建筑工程中，加强对于工程的安全管理，强化对工程设施的检测，可以确保设施的安全使用，对于在建设过程中所出现的安全隐患也能够及时地排查与监督，较为方便地发现问题，并能够及时地采取对策予以解决，从而确保工程建设的

❶ 杨平，刘新强，邓聪.建筑工程项目管理［M］.成都：电子科技大学出版社，2016：18.

安全；第三，采用先进的建筑工程管理方式对建筑施工进行管理，同时加强对于先进工艺的引入，能够有效地提高工程的建设效率与建筑工程的质量；第四，在建筑施工过程中，强化工程管理，对工程物资、工程材料进行严格的登记管理，还能够最大限度地减少施工材料的损耗，进而降低建设成本，提高建筑工程的经济与社会效益。

第二节　建筑工程管理的现状分析及控制措施

一、建筑工程管理的现状分析

（一）施工方案编制粗糙

施工方案作为施工单位在施工管理过程中的纲领性文件，必须根据工程设计图纸、项目的特点、国家的相关规范编制。但是如今大部分的施工单位在编制施工方案时都是在网上下载一些资料，稍做修改就作为自己的施工方案，而不管对本工程是否有指导作用，对工程的质量标准、工艺要求、现场布置等是否有明确的规定，从而导致操作中凭经验行事，带有很大的随意性，表现为施工现场混乱、无统一的场内道路，材料堆放混乱，机具停放无序等，其后果是材料多次转运，通道阻塞、车辆运行不畅，影响施工顺利进行。❶

（二）管理制度不健全，质量管理不到位

建筑行业的健康、持续发展，离不开建筑工程内部各个部门的协调配合和互相支持，基于此，构建一套科学化、标准化的内部控制制度，是时下建筑行业需要重点关注的课题。内部控制制度是保证建筑工程日常运营活动有序开展的重要手段，囊括了建筑工程日常运营和管理的各个方面，其中建筑工程管理就是其中的重要部分。对于建筑工程管理人员而言，普遍能够认识到建筑工程管理体系是整个内部控制制度的核心点，同时也是建筑行业发展过程的灵魂所在。基于此，为了推进建筑工程施工活动的顺利开展，需要管理者充分履行自身的职责，充分参与到内部控制制度的制定过程中，并且有效地投身于

---

❶　王云.建筑工程项目管理［M］.北京：北京理工大学出版社，2012：11.

建筑工程管理工作中，以此来约束建筑施工人员的不规范行为，并给予适当的指导，使得施工人员能够在施工中发挥自身的价值，获得成就感，同时也进一步推进内部控制制度的完善。但是，从实际情况来看，大多数建筑工程的内部管理制度尚不完善，并且其制度的落实效果差，执行力度不足，这也衍生了一系列质量安全问题，对于建筑工程施工的有序开展起到极大的阻碍作用。

总的来说，我国当下尚未构建较为完善的建筑工程管理制度，质量管理难以得到有效落实，主要表现在建筑管理人员缺乏较强的法律观念和法律意识，对于内部控制制度的执行力度不足，没有构建科学、合理的考评机制以及奖惩制度落实不到位等。

（三）成本控制不科学，安全管理不到位

建筑工程规模和数量的扩大，需要大量的资金支持。因此，有效利用资金，提升资金利用率，强化施工成本控制也是建筑工程管理的重要组成内容。其中，有效利用资金，主要囊括了控制施工成本、优化材料和设备采购流程等行为。成本控制，简言之，就是企业根据一定时期预先建立的成本管理目标，由成本控制主体在其职责范围内，预防和调整可能会影响到施工成本的因素和条件，以保证能够达成管理目标的行为。但是，从发展的视角来看，大多数建筑工程并没有意识到培养建筑工程管理人员的重要性，从事工程管理人员的专业性不足，对建筑施工内容缺乏全面了解，因此难以有效地估量建筑工作所需资金，导致建筑施工成本高于预期，这也在一定程度上导致建筑企业经济效益下降，难以满足建筑工程长期、持续发展的要求。

就目前来说，大多数建筑工程都没有将安全管理工作落实到位，部分建筑工程管理者没有意识到安全管理的重要性，没有定期对施工人员开展安全教育培训工作，这也使得施工人员施工安全意识较为薄弱，极易为施工现场埋下安全隐患，同时也为施工人员的生命安全带来极大的威胁。

（四）环境污染问题严重

建筑工程的环境污染来自多方面，包括噪声污染、泥浆污染、粉尘悬浮物污染、光污染以及部分重金属污染等。其中，噪声污染和粉尘污染是建筑工程中存在的主要污染，对施工人员的听力和呼吸系统危害较大。光污染是随着近年来新兴技术的发展而产生的，主要来自釉面砖、磨光大理石、高级涂料等材料的反光，以及电焊时强烈的闪光。长期在光污染环境下工作的施

工人员，视力容易极速下降，甚至发展成视觉方面疾病。这些危害为施工人员的生命安全亮出了"红色指示灯"，严重威胁了施工安全，容易引发安全事故。

二、建筑工程管理的控制措施

（一）创新建筑工程的管理理念

施工单位要引进先进的管理理念，并结合我国建筑行业发展的实际情况，创新管理理念。在创新管理理念的过程中，施工单位要充分考虑影响建设工程管理的各种因素，创建一套适合我国建筑工程管理的新理念，从整体上提高施工单位的管理水平。

（二）加强对施工过程的管理

为有效应对建筑工程管理中的问题，施工单位应组建一支专业素质较高的施工队伍。在建筑工程管理中，施工单位必须定期对施工人员进行培训，提高其专业技能和安全意识。此外，管理者还应积极运用先进的技术和先进的管理理念进行施工项目管理，从而提高施工人员的工作效率，确保施工项目的顺利完成。❶

1. 有效控制建筑工程质量要点，落实质量管理

由上文可知，质量管理不到位是当下建筑工程管理中的重要症结所在，同时也会对建筑行业的健康、持续、稳定发展起到极大的制约作用。基于此，落实质量管理，有效控制建筑工程质量变得尤为重要。具体言之，在具体建筑工程施工过程中，主管工程师需要严格细化质量技术管理。例如，对于酒店大堂大跨度后张法预应力梁施工管理中，主管工程师需要进行大跨度高支撑脚手架专业论证、预应力波纹管预埋定位论证以及后张法预应力钢筋穿管张拉及灌浆论证。总而言之，通过全面落实质量管理，能够为建筑工程管理工作的高质量开展奠定基础，同时也会进一步强化建筑工程的经济效益和社会效益，从而推进建筑企业高效、高质发展。

2. 严格控制材料、配件和设备的成本

建筑工程管理人员需要不断强化自身的成本控制意识，要结合工程实际，来优化材料、配件以及设备的采购流程，在保证所采购的产品满足实际施工

---

❶ 林立.建筑工程项目管理 [M].北京：中国建材工业出版社，2009：10.

要求的基础上，对施工成本予以严格控制。具体言之，在采购相应材料、配件和设备时，建筑工程管理人员需要充分履行自身的职责，要做好对生产厂家的调查工作，深入调查其是否具备相应的市场资质和技术能力，并且加大对材料、配件和设备的检测力度，严格细化相应的检测流程，有效规避质量不达标的产品进入施工现场，而影响到后续工程质量。在此基础上，建筑工程管理人员需要深入供货厂家，对于社会信誉较强、业内资质较高的生产厂家，要积极促进合作，从而简化采购流程，有效减少中间过程不必要的成本浪费，间接地维护建筑工程的经济成本。综上分析，建筑管理人员需在保证建筑材料、配件和设备满足施工要求的基础上，对建筑材料、配件和设备的价格予以严格控制，提高建筑工程管理的质量，从而推进建筑工程进一步发展和优化。

3. 完善管理体系，采取科学的管理方法

在开展实际管理工作的过程中，管理人员应该运用科学的管理方法，对用人成本、时间成本等进行充分的考量，然后开展针对性的管理，拒绝一概而论，这是因为建筑行业具有差异性，一概而论缺乏科学性。与此同时，每个管理人员都要明确自己的工作职责，跟进自己负责的管理工作，了解每一个环节出现的问题和需要改正的地方，并及时与施工单位进行对接。在开展建筑工程管理工作的过程中，管理人员要加强对相关工作的管理，保证大公无私，工作严谨，及时上报管理工作中出现的违法行为，而不应贪污受贿，否则将会对建筑行业的发展产生消极影响。

对于经济发展来说，建筑工程发挥了重要的作用，而在这一过程中，建筑工程管理发挥着重要作用，是其后勤保障。只有通过完善的管理体系，才有利于提升建筑工程的施工效率，保证建筑工程的施工质量。为此，企业应该投入大量的人力和物力，加强对管理人员的培训，这样才可以提高施工质量，而施工质量高也会使建筑管理的工作量减少，二者互惠互利。

（三）政府部门加大监督管理力度

在工程监督管理过程中，有多种专业管理机构发挥作用，包括政府和工程监理机构。在实际施工过程中，政府部门要切实发挥监督管理职能，以充分保证施工质量得到明显提高，确保施工工作有序开展。在具体操作过程中，政府部门还应结合实际情况，不断完善和优化各项法律法规，制定相应的制度和政策等，为项目管理提供应有的政策支持。

（四）提倡可持续发展思想下的绿色施工

绿色施工技术对于工程施工而言，并不是很新的思维途径，降低施工噪声、减少施工扰民、减少材料的损耗等在大多数施工现场都会引起重视。在可持续发展思想下，工程施工中应用的重点在于将"绿色方式"作为一个整体运用到工程施工中，实施绿色施工，以便在建造过程中对环境、资源造成尽可能小的影响。绿色施工是可持续发展思想在工程施工中应用的主要体现，是绿色施工技术的综合应用。绿色施工涉及可持续发展的各个方面，如生态与环境保护、资源与能源的利用、社会经济的发展等。实施绿色施工应遵循一定的原则，如减少场地干扰，爱护场地环境，结合气候施工，节约资源，减少环境污染，实施科学管理，保证施工质量等。

第三节　建筑工程管理的信息化发展

建筑工程项目具有持续周期长、相关单位多、涉及行业广、参与人员杂等特点，造成了工程项目信息量大、类型多样、节点分散、来源宽泛、不确定因素多等管理难点。就我国而言，目前的建筑工程信息管理还停留在纸质文件、表格、图纸、单据等载体上，主要由各专业技术人员手工进行信息的分类、整理、查阅、传递、共享等，整个过程既费时又费力，还可能产生很多错误，严重影响了工程的质量、进度、成本和安全目标的实现。随着建筑工程项目的增多和施工难度的加大，各单位内部、各单位之间、各部门之间的信息交流程度会越来越深入，越来越广泛，产生的信息量会越来越大，信息交流也会越来越频繁，依靠以前传统的信息交流手段已经无法满足现代化建设的需求，必须及时、有效地提高建筑企业信息化管理的程度和水平，从而提高建筑业生产效率，提升建筑业行业管理和工程项目管理的水平和能力。❶

一、建筑工程管理信息化的概念

建筑工程管理信息是指在整个建筑工程项目生命周期内产生的，反映和控制工程管理活动的所有组织、管理、经济、技术信息，其形式为各种数字、

❶ 左文松.论建筑工程管理的信息化发展 [J].市场周刊（理论版），2018（48）：18.

文字、声音、图像等。随着工程项目的进展，工程项目信息的数量呈现出加速递增的趋势。在大型工程项目中，完全用手工对工程项目中的海量信息进行管理是十分困难的，目前的大型工程项目一般都采用信息技术对项目信息进行管理。从计算机辅助信息管理的角度，工程项目的信息可以分为两类。一类是结构化的信息，一般是指数据信息，如投资数据和进度数据等。在工程项目中，这些数据的管理和利用都十分方便。另一类是非结构化或半结构化的信息，如工程文档、工程照片以及声音、图像等多媒体数据，一般把对这一类信息的管理称为内容管理。由于非结构化或半结构化的信息占工程项目信息的80%以上，内容管理在工程信息管理中占有十分重要的地位。

二、建筑工程管理信息化的作用

（一）有利于企业的全过程施工管理

从目前我国建筑行业的发展实际情况来看，很多建筑工程的施工规模在不断扩大，因此施工周期比较长，这就给施工过程中的管理工作带来了难度。在具体的工程中，经常会出现由于管理疏忽以及人为操作失误导致的质量与安全问题。而在管理工作中使用信息化技术可以建立完善的企业信息沟通渠道，减少各个部门之间的沟通障碍，有利于工程施工前的技术交底工作。

（二）有利于建筑企业制订出符合自身发展要求的战略规划

加速建筑工程管理的信息化可以使施工单位对于整个施工过程有一个总体性的认识，对于工程中存在的问题有客观、准确的认识，这十分有利于建筑企业对未来工作进行改善，并制订出符合自身发展要求的战略规划，从而使全行业的发展处于一种良性循环中。

此外，通过建筑工程管理信息化可以帮助建筑企业快速建立起高水平的监督与管理体系，通过未来对短期规划目标的明确来实现建筑企业业务的发展以及科学规划，从而加速建筑企业的发展。❶

（三）有利于优化人员调度安排

工期长意味着工序繁复，需要项目管理者与施工人员能够从整体上把握长远施工目标，同时能结合长远目标制定短期目标并进行工序的分解，按部就

---

❶ 邓长建，陈震宙.浅谈建筑工程管理的信息化发展 [J].建筑·建材·装饰，2018（24）：26.

班地由不同部门、岗位人员负责完成，这也是如今建筑项目管理和施工的主流工作方式。对于繁杂的工作安排与人员调度，依托信息化技术的应用，能够制订出妥善的长短期工作计划，并设置时间节点，然后派发给各个部门、岗位人员，以信息化技术对建筑工程组织生产，避免管理权责交叉或者出现遗漏内容。❶

（四）有利于提升管理质量，把握管理进度

建筑工程完工后，建筑物成型，后续的管理与施工便是围绕着成型的建筑物展开。建筑管理人员想要切实提升管理质量，把握管理进度，就需要亲临现场，结合现场施工情况灵活调整管理和施工布局。基于这一背景，信息化技术的深化应用为建筑施工管理提供了便捷条件，在流动性较强的施工现场，管理者也能通过统一的信息技术平台对各部门、各岗位发号施令，并随时从各部门、各岗位的反馈内容中总结经验，调整下一阶段的工作安排。通过这种循环遍历的方式，建筑项目管理人员能有效提升对项目的管控程度，保障管理效率和管理质量。

（五）有利于减少施工成本的投入

对于建筑工程来说，施工设备和材料的费用是主要的成本费用。在进行材料选购之前，一般需要制订严谨的采购计划，不仅能够满足建筑施工的基本要求，还能有效减少成本的投入。现阶段建筑工程的规模越来越大，施工周期越来越长，使用的材料也越来越多，因此，一次性采购完所有的材料并不合理，很容易在存储保管中出现问题，造成财产损失。同时，在施工期间，材料市场中材料的价格会出现变动，一次性采购会导致错过最佳的采购时间。因此，可以采用信息化技术，实现材料供应商、建筑承包商之间的信息交流，从而及时了解建筑工程材料的质量、价格、数量等情况，有效减少成本的投入。

（六）有利于提升建筑工程管理水平

在目前工业经济与信息科技同时快速进步和发展的背景下，建筑行业的房建工程项目管理分布的范围也越来越广泛，这从一定程度上大大提高了房建工程管理的工作难度系数。将建筑工程信息化技术合理地运用和引入房建的工程管理中，能够进一步提高建筑工程的全过程项目管理中的技术和管理服务质

---

❶ 尹志刚. 探析建筑工程管理的信息化发展路径 [J]. 建筑工程技术与设计，2019（20）：4753.

量，同时能够有效促进各主管部门与施工单位之间的信息沟通与交流，提高员工的素质和工作效率，并对建筑工程施工的全过程进行有效的监督，提高建筑工程的技术和施工管理效率，有效地促进建筑工程的管理水平。

（七）有利于规范市场秩序

对于建筑工程项目来讲，由于项目本身的特殊性，需要用招投标的方式来聘请施工单位进行项目的建设。在传统的项目招投标过程当中，由于信息技术有限，信息发布和接收过程受到了限制，使得招投标工作不够规范。但是在目前的招投标工作过程中，利用信息化技术能够更加快速地获取到招投标信息，并且通过相应的平台使招投标工作更加公平公正，也使市场的秩序更加规范。

三、推进建筑工程管理信息化的措施

（一）加强宣传培训，提高员工信息化意识

提高员工信息化意识，才能促使员工加强对信息化技术的运用。建筑企业需要明确的是，单纯地引入计算机设备及软件是不够的，加强使用才是关键，因此，加强对企业内部的宣传培训，提高员工，特别是管理人员的信息化意识，是非常重要的。首先，组织理论培训和技术指导，帮助员工更好地接受和消化信息化技术；其次，以高层领导为榜样，起模范带头作用，主动使用信息化技术；最后，下达明确的工作要求，如部门之间需要共享计算机信息系统，所有工作文件和数据都需要做好上传和共享工作，以此来促进内部管理的信息化。这样不仅各个部门能够及时全面地掌握工程进度，提高沟通效率，也能够提升办公效率和管理水平。

（二）统一和优化信息化管理标准体系

信息化管理体系执行统一标准，能够对建筑工程信息化管理工作的开展起到良好的促进作用。要结合通用标准规范，对工程材料种类、价格、计量等内容进行细化分类，制定科学的统一性标准，然后将其纳入信息化管理平台的使用之中，同时对技术规范、技术工艺、专业资质等进行进一步的明确设置，并建立相应的标准化要求。同时，在工程中落实各类信息、数据的采集工作，对各类工程资料数据进行分类和处理，并建立信息数据库，为工程的实施提供持续化的信息数据支持。

（三）加大软件研发力度

由于建筑行业的特殊性，涉及的部门和人员众多，在搭建信息化数据系统时需要考虑到多方面的需求，综合总设计师、审计部门、监察部门等多方的利益需求，这对于软件的要求是非常高的。因此，有关部门或机构需要加大软件研发的力度，争取为建筑行业量身打造出一套能够应对各种复杂情况的高品质软件系统。对于建筑行业本身，也要主动加强对软件的学习，积极主动地构建信息网络，加快信息化转型速度，尽快实现全面信息化管理，打破部门之间的壁垒，让上传下达更加高效透明，沟通协作更加高效。

（四）积极引入高质量信息化人才

为了更好地应对信息化改革，建筑企业必须积极引进高质量的专业人才。首先，在招聘环节，需要投入更多的资金成本以吸引高质量人才，同时也要用更好的企业发展留住这些高质量人才。引进高质量信息化人才后，企业需要帮助他们将才能发挥出来，为企业管理带来新鲜的血液，促进企业向信息化管理模式转型。另外，针对企业内部的老员工，企业也要为他们提供培训学习的机会，让他们积极提升自己，实现自我成长和转型，从而提高工作效率和工作质量，更好地实现工作价值。综合两方面的举措，建筑企业能够打造出一支高素质的信息化管理人才团队，为企业的信息化管理提供强有力的支撑。❶

（五）加强政府宏观调控作用

在如今的市场经济中，企业和企业之间的竞争是不可避免的，甚至延伸为产业供应链之间的竞争。但信息化建设是一项非常繁重的任务，并不是任何一家企业可以独自完成的，而是需要整个产业的相互合作，共同参与。因此，政府需要充分发挥宏观调控作用，将建筑产业的各个企业有机地整合起来，统一部署、管理，全面发展信息化管理。❷

---

❶ 于方艳，陈亮，冷超群.浅析建筑工程管理的信息化发展 [J].广东蚕业，2017（10）：13.
❷ 范明岩.信息化背景下的建筑工程管理 [J].中国房地产业，2021（7）：111.

第四节 BIM 技术的概念与特征

一、BIM 技术的概念

目前，国内外关于BIM的定义或解释有多种版本，现介绍几种常用的BIM定义。

美国国家BIM标准（NBIMS）对BIM的定义由三部分组成：

①BIM是一个设施（建设项目）物理和功能特性的数字化表达。

②BIM是一个共享的知识资源，是一个分享有关这个设施的信息，为该设施从建设到拆除的全生命周期中的所有决策提供可靠依据的过程。

③在项目的不同阶段，不同利益相关方通过在BIM中插入、提取、更新和修改信息，以支持和反映其各自职责的协同作业。

我国相关标准中也对BIM的概念进行了界定。例如，《建筑信息模型应用统一标准》中定义BIM为："在建设工程及设施全生命期内，对其物理和功能特性进行数字化表达，并依此设计、施工、运营的过程和结果的总称。"《机械工业工程设计基本术语标准》中定义BIM为："是以建筑工程项目的各项相关信息数据作为基础，建立起三维建筑模型，通过数字信息仿真模拟建筑物所具有的真实信息。"《建筑对象数字化定义》中定义BIM为："建筑信息完整协调的数据组织，便于计算机应用程序进行访问、修改或添加。这些信息包括按照开放工业标准表达的建筑设施的物理和功能特点以及其相关的项目或生命周期信息。"

根据以上四种对BIM的定义，可将BIM的概念总结为：第一，BIM是以三维数字技术为基础，集成了建筑工程项目各种相关信息的工程数据模型，是对工程项目设施实体与功能特性的数字化表达。第二，BIM是一个完善的信息模型，能够连接建筑项目生命周期不同阶段的数据、过程和资源，是对工程对象的完整描述，提供可自动计算、查询、组合、拆分的实时工程数据，可被建设项目各参与方普遍使用。第三，BIM具有单一工程数据源，可解决分布式、异构工程数据之间的一致性和全局共享问题，支持建设项目生命周期中动态的工程信息创建、管理和共享，是项目实时的共享数据平台。

二、BIM 技术的特征

作为一项以三维模型为载体的信息技术，BIM技术具有以下五个方面的基本特征。❶

（一）可视化

BIM技术与CAD技术的主要区别在于，CAD技术运用独立的三维视图来描述建筑物，编辑其中一个视图后，必须对其他所有相关视图进行检查和更新，因此，当发生变更时，图纸出错的可能性会大幅度提高。而且，这些施工图纸中的信息都采用线条化的绘制表达形式，并没有对绘制的内容赋予属性与类型。而以可视化为明显优势的BIM技术，是将三维模型和数据信息结合起来的技术，其中具有的可视化特性不仅可以对建筑的几何造型和效果图进行展示，还包括了所有构件的类型、尺寸、属性等信息，如图1-1所示。这些信息可以直接进行提取从而生成详细的表格，使项目各参与方能够更快速、更直观地掌握项目信息，大大提高了设计师的工作效率和设计水平。此外，BIM不仅能够作为三维视觉模型进行展示，还能够以模型可视化的状态进行交流并做出决定，因此能降低决策失误。

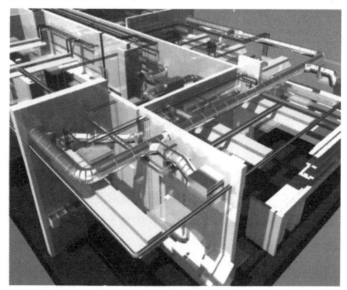

图 1-1　管道路线可视化

---

❶ 赵东森 .BIM 技术在建筑工程施工中的优势及应用探析 [J].建筑工程技术与设计, 2018（28）：1466.

（二）协调性

在设计时，由于各专业设计师之间的沟通不到位，常常会出现各种专业之间的碰撞问题。例如，暖通等专业进行管道布置时，由于施工图是绘制在各自的施工图纸上的，在真正施工过程中，可能遇到布置管线时正好在此处有结构设计的梁等构件妨碍管线布置的情况。对于这样的碰撞问题，如果在现场施工中才发现，不仅会耽误工程进度，还会因返工、修改等造成亏损。而BIM技术的协调性服务就可以帮助解决这种问题，如图1-2所示。运用BIM软件建立信息模型，可以在建筑物建造前期对各专业的碰撞问题进行协调，并在此基础上形成具备多专业信息的三维模型，以确保项目不同参与方的工作顺利展开。当然，BIM技术的协调作用并不只是可以用于解决各专业间的碰撞问题，它还可以用于电梯井布置与其他设计布置及净空要求之协调，防火分区与其他设计布置之协调，地下排水布置与其他设计布置的协调等。

（a）碰撞检查前　　　　　　　　　（b）碰撞检查后

图1-2　基于BIM技术的碰撞检查

（三）模拟性

BIM技术并不是只能通过三维模型模拟出建筑物整体构造和形态，还能对在现实中无法实操的事物进行模拟，并在模拟结果的基础上进行管理和分析，从而为工程方案的制订和科学决策提供依据。

在设计阶段，BIM技术能够进行日照模拟、节能模拟以及热工模拟等模拟实验，为设计人员进行建筑性能设计提供科学合理的信息，从而使得他们在设计时考虑更加周全。

在施工准备阶段，BIM技术能够模拟施工现场的场地布置，从而为施工人员合理规划施工现场的区域分布，并合理控制具体项目的进场施工时间提供依据。

在施工阶段，可以利用BIM技术进行4D施工模拟，从而制订出科学合理的施工方案；在此模型基础上附加造价信息，还能够实现5D施工模拟，从而实现成本控制。

项目的运营阶段，BIM技术可以模拟地震或火灾发生时人员逃生疏散的路径，如图1-3所示，从而方便施工人员制订出紧急情况下的应急预案。

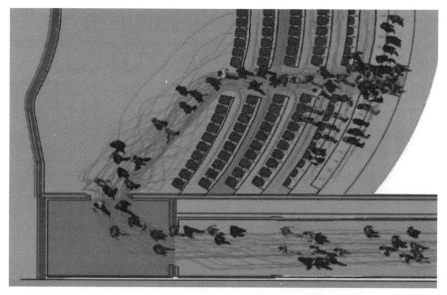

图1-3　基于BIM技术的电影院人员逃生疏散路径模拟

（四）优化性

事实上，工程项目的建设过程是不断优化的过程，利用传统的管理方法和技术手段对复杂项目进行管理存在很大难度和限制因素，而BIM技术从项目初期就掌握了项目的所有信息，并且可以随着项目的实施逐渐发展和扩充信息，这使得复杂的工程项目能够利用BIM技术得到更好的优化。

优化受三个要素的制约：信息、复杂程度和时间。没有准确的信息做不出合理的优化结果，BIM模型提供了建筑物的实际存在信息，包括几何信息、物理信息、规则信息，还提供了建筑物变化以后的实际存在。复杂程度过高，参与人员无法掌握所有的信息，必须借助一定的科学技术和设备。现代建筑物的复杂程度大多超过参与人员本身的能力极限，BIM及与其配套的各种优化工具提供了对复杂项目进行优化的可能。基于BIM的优化可以做以下工作。

①项目方案优化：把项目设计和投资回报分析结合起来，设计变化对投资回报的影响可以实时计算出来；这样业主对设计方案的选择就不会主要停留在对形状的评价上，而会清楚地知道哪种项目设计方案更有利于满足自身的需求。

②特殊项目的设计优化：如裙楼、幕墙、屋顶、大空间到处可以看到异型设计，这些内容看起来占整个建筑的比例不大，但是占投资和工作量的比例往往要大得多，而且通常是施工难度比较大和施工问题比较多的地方，对这些内容的设计施工方案进行优化，可以带来显著的工期和造价改进。

（五）可出图性

现阶段工程表现形式仍是以二维图纸为主，由于BIM技术模型可真实体现设计成果，相对于独立的二维图纸绘制方法，通过BIM技术模型获取的二维图纸具有关联性，一旦设计方案发生变更，所有视图都可以一致更改，减少变更工作量。同时，由三维模型得出的二维图纸更接近工程实际，减少了人为因素造成的图纸错误。❶

第五节　BIM 技术应用于
建筑工程的价值

在施工阶段，BIM可以同步提供有关建筑工程质量、工程进度和工程成本方面的信息。具体表现为，它能够直接提供施工过程中所需的各类信息和材料，如工程量清单、概预算等；还可以帮助人们实现建筑构件的直接无纸化加工和建造。

利用建筑信息模型，可以实现整个施工工期内可视化的模拟与管理；可以帮助施工人员促进建筑的量化，以进行评估和工程估价，并生成最新评估与施工规划。施工人员可以方便、快捷地制定出展现场地使用、更新调整情况的规

---

❶ 刘媛媛.BIM 技术在建筑施工中的应用 [J]. 江西建材，2021（2）：157-158.

划，便于和业主进行高效的沟通，从而将施工过程对业主和现场的运营人员的影响降到最低。建筑信息模型还能够提高施工文档的质量，使施工单位进一步改善施工进度规划，从而节约业主在施工过程中与管理问题上的时间、精力和资金，使业主的时间和资金的利用效率得到提高，把更多的施工资金投入建筑中，而不是消耗在行政和管理中。由此可见，BIM技术是一种贯穿于工程建设生命周期的技术模式。施工单位建立以BIM技术应用为载体的项目管理信息化体系，不仅能够提升施工建设水平，而且能够保证施工质量，得到更理想的经济效益。❶

具体而言，BIM技术在建筑工程应用的价值体现在以下几个方面。

一、使设计方案从二维向三维甚至四维发展

传统的CAD设计是在二维的平台上进行绘图分析，是利用平面图、立面图、剖面图、建筑详图、说明材料等设计文档来交换信息的。这种工作模式经常会在图纸的传递过程中产生一些问题，如会经常出现各专业在空间布置上的碰撞情况。而且随着建筑造型与建筑空间的设计越来越复杂，传统的CAD设计在信息表达和协同工作方面已经无法满足需要了。

CAD这种二维的设计方式会产生大量的设计图纸，一个工程至少有几百张图纸。这些图纸之间的关联性较差，每一张图纸都较为独立，使得每一个项目都无法完整保留整个工程项目的全部数据信息，从而使得每一阶段的资料只能是该专业的团队才能进行处理，导致项目在协调沟通方面存在缺陷。所以，如何使建筑设计与其他相关专业实现协同合作，使设计过程中的沟通协调更加方便快捷，是建筑业面临的一个难题。并且目前的建设项目在协调及整合方面有着很高的要求，而传统的二维设计模式已经无法适应。❷

将相对独立的图纸改变为整体的数字化信息存储到统一的数据库中，就可以适应当下的设计趋势了。BIM就是将建筑项目中各个环节所有的数据信息存储起来的中央数据库，与该项目相关的所有数据信息都存储在这个数据库中，这样一个数据库为项目参与各方的交流与协作提供了便利，使项目在整合与协作方面得以提升。

BIM技术具有动态可视化的功能，可以提供三维的实体形象供人们设计

---

❶ 蔡蔚 .BIM 在建筑设计中的优势分析 [J].建筑工程技术与设计，2018（2）：579.

❷ 程国强 .BIM 改变了什么，BIM+ 建筑施工 [M].北京：机械工业出版社，2018：9.

研究。例如，对于建筑设备中水暖专业的设备布线、管道布置等情况，均可以通过三维直观的形象来确认其合理性，防止不同专业管线冲突的情况发生，使不同专业间的配合和协调能力得以增强。同时，BIM技术可以快速准确地发现并解决问题，使不同专业间在图纸传递过程中出现的问题显著减少。

利用BIM技术根据现场施工的特点，可以对整个建筑单体以天、周、旬、月为时间间隔，按照合同工期对关键路线进行4D施工模拟，从而综合分析施工现场中可能会遇到的影响因素，提前进行问题处理，保证整体施工进度。另外，利用BIM技术可以输出施工模拟视频，让可视化交底代替繁杂的文本交底，整体提高施工作业人员的施工水平，规避不利因素对施工过程造成的影响，提高施工质量，保障施工进度，实现工期完美履约。

二、优化造价管理流程，提高造价管理效率

BIM技术应用于建筑工程，对于优化建筑工程造价管理流程、提高建筑工程造价管理效率具有积极意义。

（一）提高工程量计算的准确性

基于BIM技术的自动算量方法比传统的计算方法更加准确。工程量计算是编制工程预算的基础，但计算过程非常烦琐和枯燥，容易因人为原因造成计算错误，影响后续计算的准确性。此外，各地定额计算规则不同，也影响计算的准确性。

BIM技术的自动算量功能可使工程量计算工作摆脱人为因素的影响，得到更加客观的数据。无论是规则还是不规则构件，均可利用所建立的三维模型进行实体扣减计算。

（二）合理安排资源计划

建筑工程具有建设周期长、涉及人员多、管理复杂的特点，如果没有充分合理的计划，就容易导致工期延误，甚至发生工程质量和安全事故。

利用BIM技术提供的基础数据可以合理安排资金计划、人工计划、材料计划和机械计划。在BIM技术所获得的工程量上赋予时间信息，可以知道任意时间段的工作量，进而可以知道任意时间段的工程造价，据此来制订资金使用计划。此外，还可根据任意时间段的工程量，分析出所需要的人、材、机数量，

合理安排工作。❶

（三）控制工程设计变更

对于工程设计变更，传统的方法是先人工在图纸上确认位置，然后计算工程设计变更引起的工程量的增减。同时，还要调整与之相关联的构件。这一过程不仅缓慢，耗费时间长，而且难以保证可靠性。加之工程设计变更的内容没有位置信息和历史数据，查询也非常麻烦。

利用BIM技术，可以将工程设计变更内容关联到模型中，只需将模型稍加调整，就会自动反映出相关的工程量变化。甚至可以将工程设计变更引起的造价变化直接反馈给设计人员，使其能清楚地了解工程设计方案的变化对工程造价的影响。

（四）对工程项目多算对比进行有效支持

利用BIM技术数据库的特性，可以赋予模型内的构件各种参数信息，如试件信息、材质信息、施工班组信息、位置信息、工序信息等。利用这些信息，可以将模型中的构件进行任意的组合和汇总，可以快速地进行统计，对未施工项目进行多算对比提供有效支撑。

（五）历史数据积累和共享

以往工程的造价指标、含量指标等数据，对今后类似工程的投资估算和审核具有非常重要的价值，工程造价咨询单位视这些数据为企业核心竞争力。利用BIM技术可以对相关指标进行详细、准确的分析和抽取，并且形成电子资料，方便存储和共享。

三、使各个参与方都受益

BIM技术应用于建筑工程对各个参与方都有益处，具体表现如下。

对于业主方而言，BIM技术应用于建筑工程的益处表现为，能够实现规划方案预演、场地分析、建筑性能预测和成本估算。

对于设计单位而言，BIM技术应用于建筑工程的益处表现为，能够实现可视化设计、协同设计、性能化设计、工程系统设计和管线综合设计。

对于施工单位而言，BIM技术应用于建筑工程的益处表现为，能够实现施工进度模拟、数字化建造、物料跟踪、可视化管理和施工配合。

---

❶ 彭靖 .BIM 技术在建筑施工管理中的应用研究 [M].长春：东北师范大学出版社，2017：49.

对于运营维护单位而言，BIM技术应用于建筑工程的益处表现为，能够实现虚拟现实和漫游、资产、空间等管理，建筑系统分析，灾害应急模拟。

对于BIM软件商而言，BIM技术应用于建筑工程的益处表现为，BIM软件的用户数和销售价格迅速增长。为此，BIM软件商需要不断开发、完善软件的功能，以满足项目各方提出的各种需求，然后从软件后续升级和技术支持中获得收益。

第二章 建筑工程管理中 BIM 技术的应用保障

建筑工程管理中BIM技术的应用需要一些技术支持，下面将进行具体介绍。

第一节　BIM 技术实施的软硬件保障

一、BIM 技术实施的硬件保障

BIM技术实施的硬件保障主要包括协同工作网络环境、文件服务器（也称服务中心）和图形工作站。

（一）协同工作网络环境

BIM应用与传统CAD应用的最大区别是数据的唯一性，即数据不再可以割裂和分别存放，而必须集中存放和管理，从而实现项目成员协同工作的最基本的应用要求。因此，不论项目大小，都需要一个协同工作的网络环境，如图2-1所示。

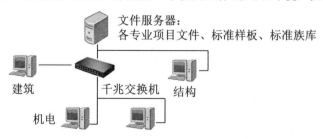

图 2-1　BIM 应用的典型协同工作网络环境

要想保证图2-1所示的BIM应用的典型协同工作网络环境的运作，需要具有以下两大组成部分。首先，至少需要一台服务器来存放项目数据，因为目前BIM软件的模型数据都是以文件形式组成，所以通常以文件服务器的要求去配置，主要以存放和管理文件数据为核心进行相关的硬件和软件的配置。其次，通过交换机和网线把项目成员的计算机连接起来，项目成员的计算机通常只安装BIM应用软件，不存放项目数据文件，所有的项目数据文件都集中存放在文件服务器上。因为BIM数据比传统CAD的数据要多，而且数据都集中存放在服务器上，在工作过程中项目成员的计算机进行读写数据时都要通过网络访问文件服务器，所以，网络的数据传送量比较大，建议全部采用千兆级的交换机、网线和网卡，以满足大量的数据传输需要。

需要注意的是，图2-1展示的协同工作网络环境仅仅是一个基本的协同工作网络环境，实际的协同工作网络环境也许更为复杂，因此企业在组建BIM的协同工作网络环境时，应与IT部门充分沟通，建立一个切实可行的、性能良好的协同工作网络环境。

（二）文件服务器

文件服务器主要用于存放项目数据，一般不会涉及太多的运算，所以对CPU、内存和显卡要求不高，而数据的存储性能和数据安全是要考虑的关键因素。

1. 数据存储

使用两个或更多的硬盘，利用RAID方式组成冗余存储（也称磁盘阵列）。

2. 共享文件权限控制

文件服务器主要是通过共享文件夹的方式为项目成员提供可访问的空间，为了有序、安全地管理共享文件，需要设定相应的数据访问权限。可根据实际需要，按项目、岗位和工作性质进行访问权限的设置。通常访问权限可设为"读写"或"只读"两种。对于需要建立、编辑数据的项目成员，当然应该设置为"读写"权限，对于只是浏览数据，不需要修改数据的项目成员，则应该设置为"只读"权限。

3. 数据安全

BIM的核心就是数据，一旦数据损坏，损失不可估量。因此，数据安全是BIM应用中不可疏忽的、非常重要的环节。上文提到的冗余存储（磁盘阵列设备）是从硬件的角度为数据安全提供基本的保障，但这还远远不够，还需要从数据的应用层面考虑数据安全。上述的文件访问权限只是对项目成员访问数据做了一些限制和约束，还应从以下几个方面保证数据的安全。

（1）数据备份

冗余存储从物理层面解决了数据的安全问题，但无法解决软件发生错误时导致的数据问题，也无法避免项目成员的操作失误。所以，建立和严格执行数据的备份制度非常重要。比较简单的做法就是在存储设备上进行项目文件夹的复制，一旦正在使用的数据内容出现故障，可以通过备份的数据得以恢复。

（2）异地容灾

上述数据备份可以解决本地的数据安全问题，但如果存放服务器和数据存储设备的房间出现意外，如火灾、水淹、房屋坍塌等情况，数据可能就被彻底损坏。所以，异地容灾是非常有必要的。对于小型数据，可以通过移动存储设备进行备份后存放到异地；对于大型数据，可以使用磁带机进行备份后存放到异地。有条件的话，还可以通过异地服务器进行数据备份和同步。

（三）图形工作站

BIM模型是集成了建筑三维几何信息、建筑属性信息等的多维信息模型。三维几何信息比二维图形信息量大，再加上其他的工程属性信息，同样一个项目，BIM模型的信息量通常是二维CAD图的5～10倍以上，随着BIM模型的应用增多，这个数量还会增加。而且，BIM模型在用软件打开和运行时，所占用的计算机资源远大于信息静态存储量的5～10倍，因为三维的表现比二维的表现占用的资源多得多。当BIM模型还有多维的应用时，对计算机的资源需求就变得非常大了，对计算机CPU的运算速度要求比较高，主要依赖CPU的主频速度，而CPU的核数和个数帮助不大，多核或多个CPU的优势只在渲染、动画和性能分析运算中能够体现。此外，计算机内存容量与CPU匹配的内存速度、计算机主板的整体素质也要相匹配。因此，三维显示、实时漫游和渲染对计算机的图形、图像、视频显示都提出比较高的要求。为了有别于普通的计算机，对于这类图形、图像应用要求所配置的高性能计算机，也称图形工作站。下面是对图形工作站主要配置的建议。

1. CPU 的配置要求

CPU是计算机的核心，推荐拥有二级或三级高速缓冲存储器的CPU。采用64位CPU和64位操作系统对提升运行速度有一定作用，大部分软件目前也都推出了64位版本。多核系统可以提高CPU的运行效率，在同时运行多个程序时速度较快，即使软件本身并不支持多线程工作，采用多核也能在一定程度上优化其工作表现。

2. 内存的配置要求

内存是与CPU沟通的桥梁，关乎一台计算机的运行速度。越大、越复杂的项目越占内存，一般所需内存的大小应最少是项目文件大小的20倍。由于目前大部分采用BIM的项目都比较大，一般推荐使用16G或16G以上的内存。

3. 显卡的配置要求

显卡对模型表现和图形处理来说很重要，越高端的显卡，三维效果越逼真，工程图画面切换越流畅。应避免使用集成式显卡，这是因为集成式显卡需要占用系统内存来运行，而独立显卡有自己的显存，显示效果和运行性能也更好些。一般显存容量不应小于2G。

4. 硬盘的配置要求

硬盘的转速对系统速度也有影响，一般来说是越快越好，但其对软件工作表现的提升作用没有前三者明显。

二、BIM 技术实施的软件保障

BIM技术实施的软件保障不仅包括各种类型的BIM软件，还涉及BIM软件的数据交换形式。

（一）BIM 软件的分类

BIM软件是实现各项BIM应用的基本工具。目前，BIM软件种类、数量多，各具不同的功能特点，但单一的BIM软件难以满足建筑工程多种BIM技术的应用需求。因此，建筑工程管理中BIM技术的应用需要借助一系列BIM软件来实现。

BIM软件分类有按功能分类和按软件厂商分类两种。按功能分类，BIM软件可分为概念设计和可行性分析软件、核心建模软件、模拟分析软件、深化设计软件、模型整合软件、进度管理软件、造价管理软件、文件共享和协同软件以及运维管理软件等，如图2-2所示。按软件厂商分类，开发BIM软件的国外企业有Autodesk、Bentley、Dassault、Graphisoft、Trimble等，开发BIM软件的国内企业有广联达、鲁班、建研科技、盈建科、鸿业等。

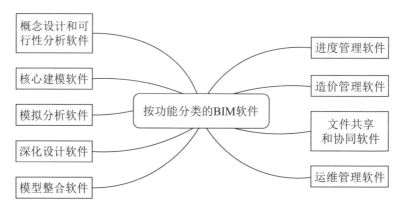

图 2-2　按功能分类的 BIM 软件

1. 概念设计和可行性分析软件

概念设计及可行性分析发生在设计阶段之前，包括场地设计与建筑概念设计，主要对建设场地进行建模，形成建筑布局和建筑体量。概念设计与可行性分析一般需要多种软件相互配合完成，例如，通过百度地图下载规划地区周边电子地图，导入场地建模软件（如Revit软件），生成地形模型，根据地形条件规划场地内建筑物布局，形成多种方案，再分别导入场地可视化分析软件，综合考虑建筑指标、环境指标、经济效益、社会效益对多种方案进行对比，优化规划方案；另外，通过自适应建模软件推敲建筑单体形态，导入场地建模软件，确定最终方案后导入渲染动画软件完成可视化表现工作。常用的概念设计和可行性分析软件如表2-1所示。❶

表 2-1　常用的概念设计和可行性分析软件

产品名称	厂商	BIM 用途
百度地图	百度	场地分析
SketchUp	Trimble	多专业设计
Civil 3D	Autodesk	土木工程建模

2. 核心建模软件

核心建模软件是将BIM软件应用于建筑工程的核心软件，是生成项目信息的主要平台，为项目提供后续应用所需的基础模型及信息，因此除了要求有一

---

❶ 龚剑. 工程建设企业 BIM 应用指南 [M]. 上海：同济大学出版社，2018：3.

定的几何造型处理能力外，更重要的是具有强大的数据集成及传递能力。目前常用的核心建模软件有Autodesk、Bentley、Dassault、Graphisoft。除了核心建模软件之外，还有些软件可提供某个专业或某阶段的建模功能支持，常与核心建模软件在建筑工程项目中配合使用，如具有几何造型功能的SketchUp软件、Rhino3D软件、FormZ软件、Affinity软件，装配式混凝土结构常用的Allplan软件，钢结构工程常用的Tekla软件，结构建模常用的PKPM软件、YJK软件，机电工程常用的MagiCAD软件、鸿业BIM软件等。常用的核心建模软件如表2-2所示。

表 2-2　常用的核心建模软件

产品名称	厂商	BIM用途
Revit	Autodesk	建筑工程建模
Civil 3D	Autodesk	土木工程建模
AECOsim Building Designer	Bentley	建筑、结构、机电等多专业建模
PowerCivil	Bentley	土木工程及交通运输建模
Catia	Dassault Systemes	异形建（构）筑物建模
Digital Project	Digital Project	异形建（构）筑物建模
ArchiCAD	Graphisoft	建筑工程建模

3. 模拟分析软件

模拟性是BIM技术的重要特征，建筑工程全生命周期各阶段均不同程度应用BIM软件进行各项模拟分析。例如，设计阶段的绿色分析（光照、气流、热工及能耗、景观可视度、声学等）、结构分析、建筑空间分析、工艺模拟（化工工艺、车间布置、水厂工艺、物流运输、操作距离等），施工阶段的施工组织模拟与施工方案模拟，运维阶段的实际能耗分析、人流组织分析、应急疏散方案模拟等。常用的模拟分析软件如表2-3所示。

表 2-3　常用的模拟分析软件

产品名称	厂商	BIM用途
Eootect	Autodesk	绿色分析
PBECA2008	中国建筑科学研究院	节能分析

产品名称	厂商	BIM 用途
Green Building Studio	Autodesk	能量分析
Bentley Hevacomp	Bentley	气流、光学、水流分析
AECOsim Energy imulator	Bentley	绿色分析
IES<VE>	IES	绿色（气流、日照、照明、能耗、热工）分析、疏散模拟
Energy Plus	美国能源部（DOE）和劳伦斯伯克利国家实验室（LBNL）	能量分析
DOE-2	LBNL	能量分析
Ecodesigner	Graphisoft	绿色分析
FloVent	Mentor Graphics	空气流动 /CFD
Fluent	Ansys	空气流动 /CFD
Acoustical Room Modeling Software	ODEON	声学分析
Navisworks	Autodesk	施工模拟
HYBIMSpace	鸿业	日照分析

4. 深化设计软件

目前，施工图设计文件的深度往往不能满足施工及预制加工要求，需要做进一步深化设计。常用的深化设计软件如表 2-4 所示。

表 2-4　常用的深化设计软件

产品名称	厂商	BIM 用途
Revit	Autodesk	机电、结构等深化设计
Tekla	Tekla	钢结构、预制混凝土结构深化设计
Inventor	Autodesk	预制加工深化设计
Allplan	内梅切克	预制装配式建筑深化设计
Rhinoceros	Robert McNeel & Associates	幕墙深化设计
MagiCAD	广联达	机电深化设计
BIM Space	鸿业	机电深化设计

5. 模型整合软件

BIM 模型一般是按照一定的分工分专业、分区域建立的，不同的专业模型可能还由不同软件建立。为了形成完整模型，确定专业间、区域间存在的碰撞，则需要对所有模型进行整合。常用的模型整合软件如表 2-5 所示。

表 2-5　常用的模型整合软件

产品名称	厂商	BIM 用途
Navisworks	Autodesk	模型整合
Navigator	Bentley	模型整合
Solibri Model Checker	Solibri	模型检查、规范检查

6. 进度管理软件

在施工进度管理过程中，传统方式是总包在理解施工图的基础上，利用 Microsoft Excel、Microsoft Project 等软件，根据经验与分包多方协调编制施工计划，进度计划往往以横道图的方式展现。基于 BIM 技术的进度管理软件将工程进度与三维模型关联形成包含进度信息的4D模型，将建造过程以三维可视化形式展现，并与计划联动，从而可在施工前对进度、施工顺序及过程进行可视化模拟，及时消除计划的不合理之处。常用的进度管理软件如表2-6所示。

表 2-6　常用的进度管理软件

产品名称	厂商	BIM 用途
Navisworks	Autodesk	进度管理
广联达 BIM5D	广联达	进度管理
鲁班 BIM	鲁班	进度管理
Synchro 4D	Synchro	进度管理
iTwo	RIB 集团	进度管理
Innovaya Visual 4D Simulation	Innovaya	进度管理

7. 造价管理软件

工程造价管理贯穿项目建设全过程，而工程量统计往往信息量大、计算难度大，要想在各个阶段实时对数据进行统计、汇总、分类是困难重重。工程造价管理软件则可以解决这一问题，目前已在中国建筑行业普遍使用，可用的软件较多，如广联达、鲁班、清华斯维尔等。工程造价管理基础软件包括计价软件和工程量计算软件，一般先利用工程量计算软件进行工程量计算，再导入计价软件，根据定额计价或清单计价方式进行工程价格计算，完成造价编制和工程量计算等工作。此外，一些软件常用于辅助造价管理，如造价审核、工程量核对、结算管理等。

造价管理软件能大大提高工作效率，但传统软件同时也存在造价基础数据难以共享、难以实现全过程管理、造价数据分析功能不足等问题，基于BIM的造价管理方式可将二维图纸建模生成三维模型提取工程量，同时可集成各种的定额、清单计价规则，实现算量软件与造价软件的无缝对接；可将4D进度模型进一步发展为5D全过程管理模型，减少了各阶段造价信息丢失，实现了共享的、全过程的造价文档管理、造价数据管理、造价计价管理；可将造价管理软件与企业定额库对接，可实现企业级的造价管理应用。常用的造价管理软件如表2-7所示。

表 2-7　常用的造价管理软件

产品名称	厂商	BIM 用途
广联达算量	广联达	工程量计算
广联达 BIM5D	广联达	成本管理
鲁班 BIM	鲁班	工程量计算、成本管理
iTwo	RIB 集团	成本管理
InnovayaVisual 5D Estimating	Innovaya	成本管理
Vico Office Suite	Trimble	成本管理

8. 文件共享和协同软件

文件共享和协同软件用于实现企业或项目中各方协同、文件传递工作，通过规范文件属性、权限等，实现文件高效管理、信息共享。常用的文件共享和协同软件如表 2-8 所示。

表 2-8　常用的文件共享和协同软件

产品名称	厂商	BIM 用途
Buzzsaw	Autodesk	文件共享

续表

产品名称	厂商	BIM用途
Constructware	Autodesk	协同
Project Dox	Avolve	文件共享
广联云	广联达	文件共享
Share Point	Microsoft	文件共享、存储、管理
Project Center	Newforma	项目信息管理
DosSet Manager	Vicosoftware	图形集比较
FTP Server	—	文件共享

9. 运维管理软件

建筑物全生命周期中 75% 的成本发生在运维阶段，因此 BIM 软件的价值也在运维阶段得到最大体现。运维管理软件可以为建筑设施运维管理提供操作 BIM 数据所需的系统工具，将所需的管理流程和表单集成于平台中，同时在设计、施工信息基础上方便地录入运维过程所形成的各种数据，从而快速了解建筑设备、能耗、空间、安全相关的可视化信息，实现运维数据的高效管理，并为运维决策提供支持。常用的运维管理软件如表 2-9 所示。

表 2-9　常用的运维管理软件

产品名称	厂商	BIM用途
Archi FM	Graphisoft	维护计划、资产管理、空间管理
Facilities Manager	Bentley	空间管理、设施管理
ArchiBUS	ArchiBUS	空间管理、租赁管理、资产管理
Maximo	IBM	企业资产管理
AIM	Assetworks	维护计划、资产管理、空间管理
Allplan Allfa	Nemetschek	空间管理、文档管理、防火预警
Enovia	Dassault	空间管理、资产管理、设备管理、应急方案
Tririga	IBM	空间管理、资产管理
Manhattan	Trimble	资产管理、设备管理

目前常用于运维管理的BIM软件分直接采用商业软件、基于商业软件二次开发、自主开发运维平台三种形式。

①直接采用商业软件产品。在BIM软件出现前，行业内已形成了一批较为成熟的运维管理平台，随着BIM软件在工程建设中应用广泛，一部分平台在原有基础上再对BIM模型的支持方面进行拓展，支持BIM模型导入；另一部分则针对BIM模型技术建立运维平台，对BIM模型提供较好的支持。目前，后者成熟的案例较少，多采用改进现有成熟的运维平台，BIM数据为现有运维平台兼容的应用模式。

②基于商业软件二次开发。二次开发系统基于成熟的空间和图像平台，开发周期短，基本可满足应用需要。该种形式的BIM软件在国内已有成功案例，但是因为其软件架构基于商业化平台，所以无法控制核心存储和管理，在功能升级上会受核心平台的制约。

③开发具有自主知识产权的BIM软件。相比第二种模式，自主开发的BIM软件的功能更具针对性，可根据管理体系定制。另外，选择自主研发有利于从底层进行拓展和维护，从而摆脱商业软件的束缚。

（二）BIM软件的数据交换形式

总的来说，BIM软件的数据交换主要有五种形式，具体内容如下。

1. 利用软件插件进行数据交互

BIM软件可以利用软件插件进行数据交互，如图2-3所示。利用软件插件进行数据交互时，BIM建模软件本身包括BIM模型和插件两部分功能，BIM建模软件输出的计算原始数据输入计算分析应用软件后，通过在计算分析应用软件中手工补充信息，获得计算结果，插件根据计算应用软件输入的计算结果再进行BIM模型更新。

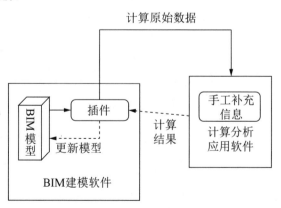

图 2-3　利用软件插件进行数据交互

2.利用标准格式进行数据交互

BIM 软件可以利用标准格式进行数据交互，如图 2-4 所示。利用标准格式进行数据交互时，BIM 建模软件中模型信息转化成 IFC 或 gbXML 等标准数据格式，输入计算分析应用软件中，通过手工补充信息的方式实现数据交互。

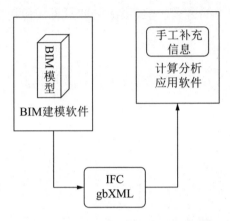

图 2-4　利用标准格式进行数据交互

3.利用纯三维模型数据进行交互

BIM 软件可以利用纯三维模型数据进行交互，如图 2-5 所示。利用纯三维模型数据进行交互的原理是：BIM 建模软件将 BIM 模型信息转化成 DWG、DXF、DGN、SAT 等格式的模型数据，输入计算分析应用软件中，再通过手工补充信息的方式实现数据交互。

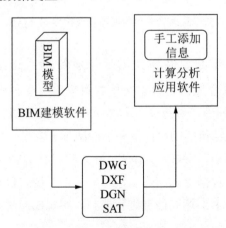

图 2-5　利用纯三维模型数据进行交互

4.利用数据文件和数据库等多种形式进行数据交互

BIM软件可以利用数据文件和数据库等多种形式进行数据交互，如图2-6所示。利用数据文件和数据库等多种形式进行数据交互的原理是：BIM软件将BIM数据转化成IFC、DWG、DXF、DGN、SAT等格式的模型数据，输入应用管理软件中；应用管理软件与数据库之间可以进行数据的互用，通过应用管理软件中手工补充信息的方式，实现BIM建模软件、应用管理软件与数据库的交互。

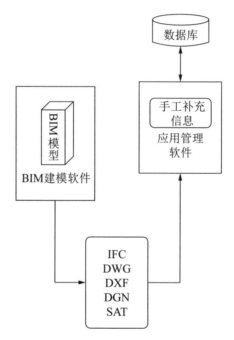

图 2-6　利用数据文件和数据库等多种形式进行数据交互

5.综合插件、数据文件和数据库等多种形式进行数据交互

BIM软件可以综合插件、数据文件和数据库等多种形式进行数据交互，如图2-7所示。综合插件、数据文件和数据库等多种形式进行数据交互的原理是：BIM建模软件本身包括BIM模型和插件两部分功能，它将BIM数据信息转化成IFC、DWG、DXF、DGN、SAT等格式的模型数据，输入应用管理软件中；应用管理软件与数据库之间可以进行数据的互用，BIM建模软件中的插件可对应用管理软件中手工补充信息进行控制，实现BIM建模软件、应用管理软件与数据库的交互。

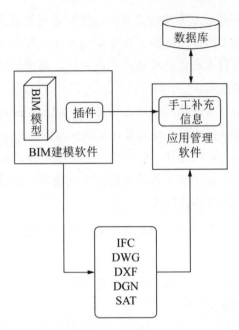

图 2-7 综合插件、数据文件和数据库等多种形式进行数据交互

第二节 BIM 技术实施的政策保障

一、保障 BIM 技术实施的政策

近年来，为了推广 BIM 技术在建筑领域的实施，无论是中央政府还是地方政府，都发布了很多政策。下面分别从国家层面和地方层面对保障 BIM 技术在建筑工程管理中实施的政策进行简要介绍。❶

（一）国家层面的 BIM 政策

1.《2011—2015 年建筑业信息化发展纲要》

发布单位：中华人民共和国住房城乡建设部

发布时间：2011 年 5 月 10 日

政策要点：

---

❶ 刘海阳.BIM 技术应用现状及政府扶持政策研究［M］.北京：经济管理出版社，2018：134.

①"十二五"期间，基本实现建筑企业信息系统的普及应用，加快建筑信息模型（BIM）、基于网络的协同工作等新技术在工程中的应用，推动信息化标准建设，促进具有自主知识产权软件的产业化，形成一批信息技术应用达到国际先进水平的建筑企业。

②推动基于BIM技术的协同设计系统建设与应用，提高工程勘察问题分析能力，提升检测监测分析水平，提高设计集成化与智能化程度。

③加快推广BIM、协同设计、移动通讯、无线射频、虚拟现实、4D项目管理等技术在勘察设计、施工和工程项目管理中的应用，改进传统的生产与管理模式，提升企业的生产效率和管理水平。

2.《关于征求关于推荐 BIM 技术在建筑领域应用的指导意见（征求意见稿）意见的函》

发布单位：中华人民共和国住房城乡建设部

发布时间：2013年8月29日

政策要点：

①2016年以前政府投资的2万平方米以上大型公共建筑以及省报绿色建筑项目的设计、施工采用BIM技术。

②截至2020年，完善BIM技术应用标准、实施指南，形成BIM技术应用标准和政策体系；在有关奖项，如全国优秀工程勘察设计奖、鲁班奖（国际优质工程奖）及各行业、各地区勘察设计奖和工程质量最高的评审中，设计应用BIM技术的条件。

3.《住房城乡建设部关于推进建筑业发展和改革的若干意见》

发布单位：中华人民共和国住房城乡建设部

发布时间：2014年7月1日

政策要点：推进建筑信息模型（BIM）等信息技术在工程设计、施工和运行维护全过程的应用，提高综合效益。推广建筑工程减隔震技术。探索开展白图替代蓝图、数字化审图等工作。

4.《关于推进建筑信息模型应用的指导意见》

发布单位：中华人民共和国住房城乡建设部

发布时间：2015年6月16日

政策要点：

①建设单位要全面推行工程项目全生命期、各参与方的BIM应用，要求各

参建方提供的数据信息具有便于集成、管理、更新、维护以及可快速检索、调用、传输、分析和可视化等特点。实现工程项目投资策划、勘察设计、施工、运营维护各阶段基于BIM标准的信息传递和信息共享。满足工程建设不同阶段对质量管控和工程进度、投资控制的需求。

②勘察单位要研究建立基于BIM的工程勘察流程与工作模式，根据工程项目的实际需求和应用条件确定不同阶段的工作内容。开展BIM示范应用。

③设计单位要研究建立基于BIM的协同设计工作模式，根据工程项目的实际需求和应用条件确定不同阶段的工作内容。开展BIM示范应用，积累和构建各专业族库，制定相关企业标准。

④施工企业要改进传统项目管理方法，建立基于BIM应用的施工管理模式和协同工作机制。明确施工阶段各参与方的协同工作流程和成果提交内容，明确人员职责，制定管理制度。开展BIM应用示范，根据示范经验，逐步实现施工阶段的BIM集成应用。

⑤工程总承包企业要根据工程总承包项目的过程需求和应用条件确定BIM应用内容，分阶段（工程启动、工程策划、工程实施、工程控制、工程收尾）开展BIM应用。在综合设计、咨询服务、集成管理等建筑业价值链中技术含量高、知识密集型的环节大力推进BIM应用。优化项目实施方案，合理协调各阶段工作，缩短工期、提高质量、节省投资。实现与设计、施工、设备供应、专业分包、劳务分包等单位的无缝对接，优化供应链，提升自身价值。

⑥运营维护单位要改进传统的运营维护管理方法，建立基于BIM应用的运营维护管理模式。建立基于BIM的运营维护管理协同工作机制、流程和制度。建立交付标准和制度，保证BIM竣工模型完整、准确地提交到运营维护阶段。

5.《2016—2020 年建筑业信息化发展纲要》

发布单位：中华人民共和国住房城乡建设部

发布时间：2016年8月23日

政策要点：

①"十三五"时期，全面提高建筑业信息化水平，着力增强BIM、大数据、智能化、移动通讯、云计算、物联网等信息技术集成应用能力，建筑业数字化、网络化、智能化取得突破性进展，初步建成一体化行业监管和服务平

台，数据资源利用水平和信息服务能力明显提升，形成一批具有较强信息技术创新能力和信息化应用达到国际先进水平的建筑企业及具有关键自主知识产权的建筑业信息技术企业。

②建筑产业信息化。加强信息技术在装配式建筑中的应用，推进基于BIM的建筑工程设计、生产、运输、装配及全生命期管理，促进工业化建造。建立基于BIM、物联网等技术的云服务平台，实现产业链各参与方之间在各阶段、各环节的协同工作。

6.《国务院办公厅关于促进建筑业持续健康发展的意见》

发布单位：中华人民共和国国务院办公厅

发布时间：2017年2月24日

政策要点：加快推进建筑信息模型（BIM）技术在规划、勘察、设计、施工和运营维护全过程的集成应用，实现工程建设项目全生命周期数据共享和信息化管理，为项目方案优化和科学决策提供依据，促进建筑业提质增效。

7.《建筑业发展"十三五"规划》

发布单位：中华人民共和国住房和城乡建设部

发布时间：2017年4月26日

政策要点：加快推进建筑信息模型（BIM）技术在规划、工程勘察设计、施工和运营维护全过程的集成应用，支持基于具有自主知识产权三维图形平台的国产BIM软件的研发和推广使用。

8.《绿色建造技术导则（试行）》

发布单位：中华人民共和国住房和城乡建设部

发布时间：2021年3月16日

政策要点：

①宜采用BIM正向设计，优化设计流程，支撑不同专业间以及设计与生产、施工的数据交换和信息共享。

②宜集成应用BIM、地理信息系统（GIS）、三维测量等信息技术及模拟分析软件，进行性能模拟分析、设计优化和阶段成果交付。

③应统一设计过程中BIM组织方式、工作界面、模型细度和样板文件。

④宜采用BIM信息平台，支撑BIM模型存储与集成、版本控制，保障数据安全。

⑤应在设计过程中积累可重复利用及标准化部品构件，丰富和完善BIM构件库资源。

⑥宜推进BIM与项目、企业管理信息系统的集成应用，推动BIM与城市信息模型（CIM）平台以及建筑产业互联网的融通联动。

（二）地方层面的 BIM 政策

在国家层面BIM政策不断出台的同时，各地方政府也针对BIM技术应用出台了相关政策，下面选取部分政策进行介绍。❶

1.《四川省加快推进新型基础设施建设行动方案（2020—2022年）》

发布单位：四川省人民政府办公厅

发布时间：2020年9月8日

政策要点：推进5G、建筑信息模型（BIM）、3S（遥感、定位、导航）等技术与水利工程建设运行、水资源管理等深度融合。建设水利大数据资源平台，提升水利管理精准化、智能化水平。加快推进都江堰灌区水利信息化建设，统筹提升河长制湖长制、水利工程建设运行管理、水资源调度管理等业务应用水平，不断完善水利物联感知体系。

2.《重庆市住房和城乡建设委员会关于推进智能建造的实施意见》

发布单位：重庆市住房和城乡建设委员会

发布时间：2020年12月31日

政策要点：

①推广自主可控的BIM技术，加快构建数字设计基础平台和集成系统，实现设计、工艺、制造协同。依托BIM项目管理平台和BIM数据中心，实现数据在勘察、设计、生产、施工、交易、验收等环节的有效传递和实时共享。

②进一步拓展智慧工地实施应用，对施工现场质量、安全、造价、人员、设备、建造过程等智能化应用水平开展分级评价，推进物联网、BIM技术和电子签名签章等技术的融合应用，提升工程项目智能化和精细化管控水平。

③加快推动新一代信息技术与建筑工业化技术协同发展，在建造全过程加大互联网、物联网、BIM技术、大数据、人工智能、区块链等新技术的集成与

❶　金睿.建筑施工单位 BIM 应用基础教程［M］.杭州：浙江工商大学出版社，2016：142.

创新应用。

④打造以"GIS+BIM+人工智能物联网（AIOT）"为核心的自生长、开放式城市信息模型（CIM）平台，并依托CIM平台，集成、分析和综合应用全市各类城市基础设施物联网数据，努力形成"万物互联"的城市基础设施数字体系。

3.《陕西省住房和城乡建设厅等部门关于推动智能建造与新型建筑工业化协同发展的实施意见》

发布单位：陕西省住房和城乡建设厅、陕西省教育厅等十七个部门

发布时间：2021年2月25日

政策要点：

①围绕设计、采购、生产、施工、装修、运营维护等全生命周期，加大增材制造、物联网、区块链、BIM、CIM、5G等新技术在建造全过程的集成应用，提高建筑产业链资源配置效率和智能建造水平。

②推广BIM技术在新型建筑工业化中的应用，提升综合设计能力。以新型建筑工业化方式建设的政府投资项目，允许适当提高设计收费标准。

4.《南京市关于加快推进我市建筑信息模型（BIM）技术应用的通知》

发布单位：南京市城乡建设委员会、南京市规划和自然资源局

发布时间：2021年2月26日

政策要点：

①建设单位在项目方案中应明确应用阶段和内容，BIM技术应用的相关费用应列入工程预算，组织设计、施工、监理等参建各方在同一平台协同BIM技术应用，实现建设各阶段BIM技术应用的标准化信息传递和共享。

②设计单位应根据项目应用要求，配备相关专业人员及软硬件，按照BIM规划报建和智能审查管理系统相关要求，建立BIM设计模型并提交审查。设计变更时，同步完善BIM模型。

③施工单位应积极开展BIM技术在施工中的深化应用，充分利用BIM模型进行施工质量、安全、进度和成本管控，根据施工要求完善BIM模型。

④监理单位应加强BIM信息管理，审核作业流程及成果，结合BIM模型对现场进行精细化动态监管，保障BIM模型与工程实体的一致性。

⑤各参建单位应积极探索BIM技术与自身业务领域的融合应用，提高BIM技术应用水平。甲级勘察设计单位、特级、一级施工总承包企业应具备实施BIM技术一体化集成应用的能力。

5.《吉林省推进房屋建筑和市政基础设施工程全过程咨询服务的实施意见》

发布单位：吉林省住房和城乡建设厅、吉林省发展和改革委员会、中国人民银行长春中心支行

发布时间：2021年4月26日

政策要点：大力开发和利用建筑信息模型（BIM）、大数据、物联网等现代信息技术和资源，努力提高信息化管理与应用水平，为开展全过程工程咨询业务提供保障。支持具有投资咨询、勘察、设计、监理、造价、招标代理、项目管理等不同能力的单位，通过并购重组等方式提升自身综合能力，加快培育"全牌照、一体化"全过程工程咨询服务单位，使其成为行业转型升级的主力军，高质量发展的引领者和改革创新的示范者。

二、制定我国 BIM 技术的政府政策的建议

虽然我国已有多项政策涉及BIM技术，但与发达国家政策的支持性相比，我国的BIM技术的政策仍显得比较粗放，没有把BIM技术提升到产业战略高度。因此，借鉴国外发达国家或地区的先进经验，结合我国实际，制定我国BIM技术的政府政策具有重要的战略意义。对此，笔者提出几点建议。

（一）充分发挥政府的关键支持和协调作用

首先，我国市场经济还不成熟，政府强有力的政策导向是实现技术进步的重要手段。其次，从北京奥运"水立方"、上海世博会场馆的BIM设计，到上海中心的BIM设计施工使用，我国BIM技术虽然在行业内应用已积累了一定经验，但大多属于企业自发行为，缺乏有效的政府引导。此外，以Autodesk为代表的软件开发商基本上完成了BIM技术在我国市场的认知推广。我国目前参与BIM技术应用的组织包括以中国勘察设计协会、中国建筑行业协会为代表的行业组织，以中国建筑科学研究院、CCDI为代表的设计单位，以清华大学、同济大学、华中科技大学为代表的学术机构，以上海建工为代表的施工单位。虽然这些单位对我国BIM技术的应用起着重要的支撑作用，但也存在组织相

对分散、各自为政、缺乏系统管理等问题。对此，亟待政府协调明确各方的责任。

（二）制定适合我国行业特点的 BIM 技术实施战略

《2016—2020年建筑业信息化发展纲要》已把BIM技术作为信息技术来进行推广，但强制力不足，没有专门制定BIM技术实施战略。此外，BIM技术的成功应用需要一套整个建筑产业各相关方统一遵循的标准框架体系，清华大学2010年建立了中国建筑信息模型标准（CBIMS）的框架，但具体实施仍存在诸多困难，这些都需要政府制定明确的BIM技术战略规划来加以指导，制定出战略实施步骤与行动指南。❶

（三）开展公共建筑的 BIM 技术应用示范项目

我国政府也应首先在公共建筑中进行BIM技术示范化项目试点，积累经验，制定相关BIM技术指南，再加以强制推行，然后进一步明确BIM技术责任主体，进行逐步有序的BIM技术组织和示范管理。上海中心项目是目前我国应用BIM技术的典型案例，是第一个实现真正意义上BIM技术应用的工程项目。上海中心项目中，BIM技术应用涉及总包方上海建工集团以及机电安装公司上安集团，设计方同济设计院及BIM技术应用咨询CCDI，更重要的是还有近百个分包商参与BIM技术应用，而且项目参与各方创造性地建立了BIM技术应用的新型组织结构、业务流程、合同约定等。另外，"中国尊"❷项目也是应用BIM技术的重点项目，这些典型项目对于我国采用BIM技术的建设项目具有较高的参考价值。❸

（四）积极开展 BIM 技术国际技术合作

BIM技术是全球化的、开放性的。近年来，我国政府及行业协会也开始逐步与CSA、buildingSMART等组织建立一定合作关系。我国许多设计及施工单位内开始设置BIM技术事业部、BIM技术中心或BIM技术工作室等机构。华中科技大学、重庆大学、同济大学等近30所高校成立了BIM技术研究中心或BIM技术实验室，并与美国、韩国、日本等国家和地区的BIM技术组织建立了良好的合作关系，举办了多次国际BIM论坛和主题讨论会，既有效传播了BIM技

---

❶ 万玲，黄建功.湛江市建筑行业 BIM 技术应用现状及阻碍研究 [J].建筑经济，2019（8）：116-120.

❷ 北京中信大厦，又名中国尊，是中国中信集团总部大楼。

❸ 朱旭，康婷 .BIM 技术在建筑设计中的应用及推广策略 [J].砖瓦世界，2020（4）：48.

术，也促进了国外对我国应用BIM技术的了解。今后，我国还应不断拓宽BIM技术交流的深度和广度，特别是BIM技术标准的合作，只有这样才能促使BIM技术在中国的应用走向成熟，真正实现BIM技术的开放性。❶

---

❶　张雪敏.BIM 技术在我国的发展分析与研究 [J].农家参谋，2018（5）：238.

第三章　建筑工程业主方对BIM技术的应用

第一节　招标管理中BIM技术的应用

一、招标的基本知识

（一）招标的概念

招标的概念有广义和狭义之分。广义的招标是指由招标人发出招标公告，由多家投标单位同时进行投标，最后由招标人通过对投标人投标书的综合比较，确定其中条件最佳的投标人为中标人，并最终与其签订合同的过程。广义的招标实质上就是招标投标的全部过程。

狭义的招标是指招标人依据国家有关法律，公开提出自己的条件和要求，征求他方（投标人）承包的意思表示。招标人可以首先公布招标要求，邀请投标人书面应征。在招标书规定的日期，由招标人当场开标，并召集由专家等人组成的评标小组，通过对各投标书进行评议，择优选定中标人，最后招标人与中标人订立合同。本书所指的招标是狭义的招标。

招标与投标的结合构成双方法律行为。招标方式一般适用于政府采购、建设工程承包、大宗商品买卖、机电设备及土地批租、国外贷款项目以及其他城市建设和管理中的特定项目。

投标是招标的对应。投标人（法人或个人）为获得某项任务或成交某项大宗商品买卖，以及承担某项建筑工程等，根据招标人发布的招标书的要求和条件，在通过招标人的资格审查，取得投标资格后，经过市场分析、项目分析和经济分析制定投标书，并在规定的时间内将密封好的投标书投入投标箱内。一旦被确立中标，必须与招标人签订相关合同，行使自己的权利，履行自己的义务。❶

（二）招标的特征

招标作为目前国内外广泛采用的一种经济活动方式，具有以下特征，如图3-1所示。

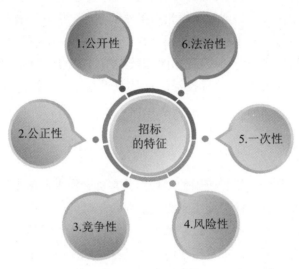

图 3-1　招标的特征

1. 公开性

招标活动，必须在公开发行的报纸杂志上刊登招标公告，打破行业、部门、地区，甚至国别的界限，打破所有制的封锁、干扰和垄断，在最大范围内让所有符合条件的投标者前来投标，进行自由的竞争。招标人必须将招标的程序和结果向所有的投标人公开，使招标活动接受公开的监督。可见，招标活动的公开性可以确保整个招标活动的公平。

2. 公正性

为促进公平竞争，招标人赋予所有投标人以公平竞争的机会是招标活动的最基本的特点。在招标公告或投标邀请书发出后，任何有能力或资格的投标者

---

❶ 周旭.建筑工程项目招投标管理中存在的问题与对策 [J].中国建筑装饰装修,2021（8）：168-169.

均可参加投标。招标方不得有任何歧视某一个投标者的行为。在评判标书时，应力求按照招标文件中明确规定的评标要求和标准，客观公正地考虑各投标者的报价及其相关因素，而不允许偏袒任何投标商。在签订合同时，有关合同条款对各方不应具有明显的倾向性，以体现公正性原则。❶

3. 竞争性

招标制度的建立本身就包含着竞争性，加上投资项目的交易金额一般都比较大，如果经营得当，就能获得相当丰厚的利润。因此，各投标商之间的竞争表现得异常激烈。由于在不同的国家和地区，商品、技术和劳动力等方面的成本和价格有较大差异，各国投标商总是利用自己的优势，力求在投标竞争中压倒对手，而业主从事项目投资，总是希望选择施工技术水平高、工程质量好、施工周期短、工程价款低的承包商，这样就进一步加剧了竞争的激烈程度。

4. 风险性

一般来说，凡纳入招标范围的项目均具有资金量大、施工技术复杂、营建时间较长的特征（从投标、施工到竣工需要数年时间，相应工程款的回收期也较长）。在此期间不可预测的技术经济风险或各种不可抗力的因素，都可能使承包商蒙受损失。例如，项目所在国发生动乱、政变或罢工，货币贬值、物价上涨，自然、地理及气候发生变化等，都可能给工程带来不利影响。因此，涉及招标的项目一般都具有较大风险。

5. 一次性

在招标活动中，投标人只能应邀进行一次性递标。标书在投递后一般不得随意撤回或者修改。可见，招标不像一般的交易方式，即合同在双方当事人的反复洽谈中形成，任何一方都可以提出自己的交易条件，进行讨价还价，而是具有一次性特征。

6. 法治性

招标活动是买卖双方的一种经济联系，他们的这种联系必须以法律保障为基础，承发包双方签订的合同、协议以及正式业务书信等，均具有法律效力。不论在国内还是国际，招标均按照规定的程序和国际惯例进行，是招标活动的一个显著特点。招标程序和条件是由招标机构事先拟定、在招投标双方之间具

❶ 蒋莎.关于建筑工程招投标发展形势之浅见 [J].建筑与装饰，2021（3）：79.

有法律效力的规则。

若在招标活动中出现纠纷和争执而无法协商解决时，可以诉诸法律裁决。而且，国际招标活动还要受项目所在国法律和法令的制约。工程所在国政府为了本国企业的利益，一般实行贸易保护主义，限制外国承包商的经营活动，如对外国承包公司规定较高的税率等。可见，国际项目的招标具有明显的法治性。

（三）招标的程序

建筑工程招标程序（以工程公开招标为例）如图3-2所示。根据图示的各项工作的相互关联，工程公开招标工作程序可分为3个阶段（准备阶段、招标阶段、评标阶段）14个步骤。

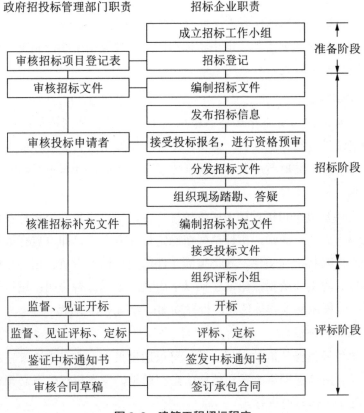

图 3-2　建筑工程招标程序

1. 准备阶段

工程招标准备阶段共分为两个步骤，即成立招标工作小组和招标登记。

（1）成立招标工作小组

作为发包方的招标单位应当在实施招标前成立招标工作小组，以组织实施整个招标工作。招标工作小组必须满足下列条件。

第一，有项目投资者代表或项目法人法定代表人或其委托代理人参加。

第二，有与施工工程规模相适应的技术、预算、财务等管理人员参加。

第三，有对投标单位进行评审的能力。

第四，不具备上述条件的招标单位，应根据《中华人民共和国招标投标法》的规定，委托有相应资质的发包代理单位代理招标工作。

（2）招标登记

招标单位在具备施工条件后，应即按施工工程管理权限到有管辖权的招标投标管理办公室（以下简称招标办）领取相关表格。招标单位在填妥相关表格后，随附满足施工招标条件所需提供的资料报送招标办审核。

审核后全部满足要求的，即由招标办同意办理登记手续，施工工程招标进入下一阶段（招标阶段）。

2. 招标阶段

施工招标阶段可分七个步骤。根据《中华人民共和国招标投标法》的规定，必须依法进行招标的项目，自招标文件开始发出之日起至投标人提交投标文件截止之日止，最短不得少于20天。

（1）编制招标文件

招标文件是整个招标过程中的纲领性文件，用以指导整个招标投标活动，所以要求编写规范。通常，招标单位在确定招标方式后，即可自行编制或委托招标代理单位编制招标文件，并将招标文件送交招标办审核。招标文件是投标单位编制标书的主要依据，通常包括以下内容：工程综合说明；设计图纸和技术说明书；工程量清单和单价表；投标须知；合同主要条件。

（2）发布招标信息

招标单位根据经核准的招标文件，可以通过报刊、交易中心等发布招标信息，也可以利用信息网络来发布招标信息。通常，发布招标信息必须在接受投标报名前五个工作日前进行。

（3）接受投标申请，进行资格预审

招标单位应在规定的时间内，公开接受投标单位的投标报名，并可从资质等级、人员配备、车辆设备、施工业绩、财务状况等方面对投标者进行资格预审。但根据招标投标法的规定，招标人不得以不合理的条件限制或者排斥潜在的投标者。此外，只有通过资格预审的投标者才能办理投标手续。

（4）分发招标文件，办理投标手续

招标单位应通知经资格预审合格的投标单位，按规定时间、地点购买招标文件，办理投标手续。

（5）组织现场踏勘和召开答疑会

招标单位在分发招标文件后的3～4天内，要统一组织投标单位到施工工程所在地进行现场踏勘。踏勘后，招标单位要及时组织召开招标文件答疑会，对投标单位提出的关于招标文件的疑问，逐一解答。

（6）分发招标补充文件

答疑会后，招标单位应将会上对各疑问所做的答复形成会议纪要并整理成招标补充文件，报招标办核准后，分发各投标单位。补充文件应连同原招标文件作为编制投标文件的依据。

（7）接受投标文件

招标单位应根据招标文件的规定，按照约定的时间、地点接受投标单位送交的投标文件，并在接受投标文件的截止之日开标。

3. 评标阶段

施工评标阶段共分五个步骤，通常该阶段为7～15天。

（1）组织评标小组

评标小组由招标单位依法组建，其成员由招标人的代表和有关技术、经济等方面的专家（这些专家均应来自当地政府招标投标管理部门的专家库）组成，成员人数为五人以上的单数，其中技术、经济等方面的专家不得少于成员总数的2/3。

（2）开标

开标由招标人主持，所有投标单位参加，招标办的管理人员到场监督、见证。开标时，由投标人或者其推选的代表检查投标文件的密封情况，也可由招标人委托的公证机关检查并公证；经确认无误后，由工作人员当众启封，宣读投标人名称、投标价格和投标文件的其他主要内容。整个开标过程应当记录，并存档备查。

（3）评标、定标

评标由评标小组负责，其过程必须保密，不得外泄。通常采用的评标方法有：百分制打分法、两阶段评标法、低价中标法等。评标小组根据送交招标办审核批准的评标办法，在所有的投标者中，评选出一个最适合本施工工程的承包商作为中标单位，报招标办审核。

（4）签发中标通知书

招标办在收到招标单位填妥的中标通知书后，应及时签证，作为中标结果的凭证。同时，招标单位应将中标通知书及未中标通知书同时发送中标单位和未中标单位。

（5）签订承包合同

招标单位在发出中标通知书之后的30天内与中标单位签订施工工程承包合同，并将合同副本同时报政府主管部门备案。

二、传统招标管理存在的问题

我国目前的建筑工程招标管理过程还存在以下不足之处。

（一）信息传递效率较低

我国目前推行的电子招投标系统虽然在一定程度上提升了招标的效率，但是在很大程度上只是线下操作变成了线上操作，纸质资料变成了电子文档。随着建筑工程建设项目呈现出大型化和复杂化的趋势，二维图纸传递建筑工程信息的效率越来越低，招标方利用二维图纸无法有效地传递对建筑工程项目的目标和需求，投标方理解二维图纸也需要花费大量时间，而且对建筑工程项目的认识很容易与招标方产生偏差，不利于建筑工程建设工作的开展。

（二）建筑工程量清单编制费时费力

我国目前实行的是建筑工程量清单计价模式，在这种模式下，准确、全面的建筑工程量清单才能够保证造价的准确性，从而保证招标质量。现在的建筑工程项目对时间和质量的要求越来越高，一方面工作量大增，另一方面时间被不断的压缩，因此在招标过程中，建筑工程量清单的编制需要耗费大量的时间和精力，工作人员经常超负荷工作，如果不能保证建筑工程量清单的准确性，后续的支付、结算都会受到巨大影响。这些关键工作的完成也迫切需要信息化手段来支撑。

（三）招标控制价编制质量难以保证

招标控制价是最高投标限价，投标报价不能超过招标控制价。招标控制价反映的是行业平均水平，是评标的参考依据，是控制项目投资、防止恶性投标的重要手段。但是，目前招标控制价的编制存在诸多问题，具体表现在以下四个方面。

①由于现在建筑工程项目的体量越来越大，造价人员的工作任务也越来越重，在时间有限的情况下，招标控制价的编制存在着赶工现象，招标控制价准确度不高。

②建筑市场发展迅速，定额的更新周期完全赶不上市场的变化，导致其参考意义不断下降。

③价格信息滞后。一方面，建筑材料和设备的价格对市场的反应灵敏，价格波动较大。另一方面，建筑工程持续时间长，各种建筑材料和机械设备种类繁多，准确及时的市场价格获取难度较大。如果不能获得准确的市场价格信息，招标控制价的准确性就会受到影响。

④目前招标控制价只公布总价，仅仅起到限价的作用，这大大减弱了招标控制价对评标的指导作用。

由于以上问题的存在，招标控制价的编制质量难以保证，同时也难以充分发挥其在招投标中的作用。

（四）评标指标选取不够客观

我国的建筑工程招投标从最低价中标到合理低价中标再到现在综合评标法的应用，体现了业主单位越来越看重施工单位的专业能力和综合实力。为了让业主可以选择满意的施工单位，评标指标及权重的选取就尤为重要。目前我国评标指标的选取普遍依赖行业经验，缺乏对不同类型项目的细分，评标指标的选取不够客观、科学，这也导致了业主单位对招标结果不满意。

（五）方案评审难度较大

我国目前的方案评审环节还是以传统的二维评审方式为主，这样的评审方式劳动强度大，工作效率低，不能直观地看到相关效果；评审过程中需要依赖个人经验，评审效果较差，无法很好地避免招投标过程中的违法违规问题；评审过程中相关因素的关联性无法保障，彼此割裂，无法联动。

（六）围标、串标屡禁不止

围标和串标是指几个投标人之间相互约定，一起抬高或压低报价，通过限制竞争，排挤其他投标人，确保某个投标人中标的行为。围标、串标不仅对合法投标的投标人以及招标人造成了经济上的损害，同时也扰乱了建筑市场秩序。采用围标、串标方式获取中标资格的投标单位通常并不会在投标方案中花太多心思，这就会导致即使中标后，施工质量也难以保证，使业主和项目遭受巨大损失。

三、BIM 技术应用于招标管理的价值

在招标管理中应用BIM技术具有诸多价值，不仅能够直观地反映项目特征，还能够提取项目数据，进行造价计算和数据共享，具体内容如下。

（一）信息传递高效、透明

目前我国的招标还是以二维图纸的方式展开的，不管是线上操作还是线下的纸质文件，传递信息的效率都比较低。BIM技术能够以三维形式直观地呈现项目特性，减少信息传递过程中的误差和错误理解，便于投标单位快速掌握项目情况，加快招投标效率。

（二）一模多用直接导出工程量

BIM模型不仅能够提供三维效果，还能够一模多用，对模型数据进行提取算量、渲染出图等。工程量清单是编制招标控制价和投标报价的重要依据，工程量计算需要耗费大量的时间和精力。BIM模型包含了项目的全部信息，包括工程的数量、面积、体积等物理信息。利用BIM技术，可以统计模型内的所有构件的计量信息，不仅避免了人工计量的误差，而且大幅度提高了计算工程量的准确性和效率。

（三）招标价格信息来源更可靠

BIM平台包含了项目的全部信息，除了构件的物理信息以外，还包括成本信息等。在招标阶段，首先利用BIM模型自动计算工程量，生成工程量清单，然后在BIM模型中关联相应的清单计价规范、工程造价主管部门发布的造价信息和收费标准以及市场上的实时的材料、人工、设备价格，最终通过BIM计价软件自动生成招标控制价，使招标控制价的编制更加准确、高效。

（四）评标指标的分类收集

在招标应用BIM技术，可以收集存储不同类型的工程项目评价指标，从而生成典型项目的评价指标，并通过对中标单位及业主反馈情况进行收集，不断修正，使指标更加客观，提升业主单位的招标满意度。

（五）可视化评审更加直观

通过BIM技术的应用，使投标方案更加直观，技术、经济等因素关联性更好。在评标过程中，评委可以借助基于BIM模型的方案直观地进行方案评审，并可以动态准确地对资源投入和现场方案等进行查看，从而使方案评审效率更高。❶

（六）过程监管更透明

基于BIM的信息共享平台，可在每一次招标过程如实记录各方的具体信息，包括信誉、所属企业、招投标中的表现及结果等，这样便可在下次招投标时迅速获取各方的信息，若发现某几家投标商经常一起出现，有抬高或压低报价的趋势，就要引起警惕，防止围标。从另一个角度来看，由于信息的通透性，各投标方为了各自的信誉，也会降低违法违规的行为。

BIM云端共享平台的应用可以汇总各类评标信息，经过不断的研究和摸索，逐步创建统一的科学规范的评标体系，减少因评标专家的水平、素质差异而造成的失误。另外，BIM技术在虚拟建造方面的优势，可以将施工阶段进行形象化模拟，使得技术标❷的评定具有一定的参照标准，而不再只关注标书最终的报价，从而提高评标水平。由于评标系统的透明度与公正性的提升，也会抑制招标人与投标人之间、投标人与投标人之间的串标、围标行为，投标人对评标专家的贿赂收买行为等，从而保障监督力度，预防腐败等违法违规行为。

（七）打通设计与施工壁垒

目前，BIM技术在建筑工程项目中各阶段的应用存在不连贯的问题，如设计单位、施工单位分别建模进行专业应用，这就导致虽然在设计、施工阶段都应用了BIM技术，但是设计单位和施工单位并不能进行有效的信息传导和沟通，而且重复建模浪费了人力、物力。工程招投标作为设计、施工的中间阶段，能够有效地打通两者之间的壁垒。在招标阶段，招标方可以委托设计单位提供BIM模型，并将BIM模型作为招标文件的一部分传递给施工单位，施工单位通过对设计单位提供的BIM模型进行专业应用，不仅有利于施工、设计的沟通，对BIM技术在建筑全生命周期的应用也是有利的。

---

❶ 张云华，谢毅晖 . 基于 BIM 技术的工程项目招投标管理 [J]. 建筑工程技术与设计，2020（10）：2890.

❷ 技术标就是投标文件里涉及技术方面的方案、内容、机具设备、人力、保障措施等。

（八）使优质建筑企业更容易中标

从"最低价中标"的逐步取消可以发现，国内工程招标市场的需求开始发生变化，从对性价比的追求转向对真正优质、技术方案过硬的施工单位的追求。以前，我国施工单位在投标中存在着不够重视技术标的编制的情况，因为在技术标编制中投入大量人力物力往往并不能在评标过程中获得相应的回报，反而一些投标报价较低的施工单位获得了评标优势，这也导致了我国招投标市场出现"低报价、高索赔"的现象，对建筑市场的健康发展是极为不利的。基于BIM技术的工程招投标，利用三维可视化评审的技术优势，给真正优质、技术方案过硬的施工单位更多展示的机会，并在评审过程中给予其公正的评判，从而能够为招标单位挑选出优质的施工单位。

四、BIM 在招标控制中的具体应用

利用三维设计模型，辅助审计团队进行重、难点区域的工程量信息提取，方便业主对工程量、造价及复杂造型中不同类型构件复杂程度的全面了解。

对各投标单位进行项目三维总体情况，重、难点区域细节设计，方案调整过程介绍等，方便承包商快速了解项目情况，正确评估项目难易程度，准确报价。同时，对投标单位进行BIM投标方案和BIM实施能力评估。

通过导出Navisworks软件制作动画可以进行直观显示，对项目进行具体的操作介绍和动画演示，所见即所得。

在招标控制环节，准确和全面的工程量清单是核心关键。而工程量计算是招投标阶段耗费时间和精力最多的重要工作。BIM是一个富含工程信息的数据库，可以真实地提供工程量计算所需要的物理和空间信息。通过BIM获得的准确的工程量统计可以用于前期设计过程中的成本估算、在业主预算范围内不同设计方案的探索或者不同设计方案建造成本的比较，以及施工开始前的工程量预算和施工完成后的工程量决算。同时，借助这些信息，计算机可以快速对各种构件进行统计分析，从而大大减少根据图纸统计工程量带来的烦琐的人工操作和潜在错误，在效率和准确性上得到显著提高。

（一）建立或复用设计阶段的 BIM 模型

对于BIM模型的建立，一种是用最基础的方法直接按照施工图纸重新建立BIM模型；另一种是用二维施工图的AutoCAD格式的电子文件，利用软件提供的识图转图功能，将DWG二维图转成BIM模型。除此之外，就是复用和导入设计软件提供的BIM模型，生成BIM算量模型，这是从整个BIM流程来看最合理的方式。

（二）基于 BIM 的快速、精确算量

基于BIM算量可以大大提高工程量计算的效率。

首先，利用BIM的自动化算量方法提高了工程量计算的准确性，将人们从手工烦琐的劳动中解放出来，节省更多时间和精力用于更有价值的工作，如询价、评估风险等，并可以利用节约的时间编制更精确的预算。另外，由于设计模型的传递，完整表达了设计意图，可以有效减少错项、漏项。同时，根据模型能够自动生成快速统计和查询各专业工程量，对材料计划、使用做精细化控制，避免材料浪费。其次，利用BIM技术辅助工程计算，能大大减轻工程造价工作中算量阶段的工作强度。最后，利用BIM技术提供的参数更改技术，能够将更改自动反映到其他位置，从而可以帮助工程师提高工作效率、协同效率以及工作质量。

第二节　合同管理中 BIM 技术的应用

一、建筑工程合同管理的基本知识

（一）建筑工程合同管理的概念

建筑工程合同管理是指各级工商行政管理机关、建设行政主管机关，以及发包单位、监理单位、承包单位依据法律法规，采取法律的、行政的手段，对建筑工程合同关系进行组织、指导、协调及监督，保护建筑工程合同当事人的合法权益，处理建筑工程合同纠纷，防止和制裁违法行为，保证建筑工程合同贯彻实施的一系列活动。

合同管理分为两个层次：第一个层次是国家行政机关对建筑工程合同的监督管理；第二个层次则是建设工程合同当事人及监理单位对建筑工程合同的管理。各级工商行政管理机关、建设行政主管机关对建筑工程合同管理属于宏观管理，建设单位（业主或监理单位）、承包单位对建筑工程合同管理属于微观

管理。❶

（二）建筑工程合同管理的特点

建筑工程合同管理者不仅要懂得与合同有关的法律知识，还需要懂得工程技术、工程经济，特别是工程管理方面的知识，另外建筑工程合同管理有很强的实践性，只懂得理论知识是远远不够的，还需要有丰富的实践经验。只有具备这些素质，才能管理好工程合同。工程合同管理的特点如下。

1. 多元性

建筑合同管理中经济法律关系的多元性，主要表现在合同签订和实施过程中会涉及多方面的关系，如建设单位委托监理单位进行工程监理，承包单位则会涉及专业分包、材料供应、设备加工，以及银行、保险等众多单位，因而产生错综复杂的关系，这些关系都要通过经济合同来体现。

2. 复杂性

建筑工程合同是按照建设程序签订的，勘察、设计合同先行，监理、施工、采购合同在后，因此工程合同呈现出串联、并联和搭接的关系。工程合同管理是随着项目的进展逐步展开的，因此工程合同复杂的界面决定了工程合同管理的复杂性。项目参建单位和协建单位多，通常涉及业主、勘察设计单位、监理单位、总包单位、分包单位、材料设备供应单位等，各方面责任界限的划分、合同权利和义务的定义非常复杂，合同管理必须协调和处理好各方面的关系，使相关的各合同和合同规定的各工作内容不相矛盾，使各合同在内容上、技术上、组织上、时间上协调一致，形成一个完整的、周密的有序体系，以保证工程有秩序、按计划地实施。总的来说，复杂的合同关系，决定了工程合同管理的复杂性。

3. 协作性

工程合同管理不是一个人的事，往往需要设立一个专门的管理班子。在某种程度上，业主管理班子是工程合同的管理者，以业主为例，业主项目管理班子中的每个部门，甚至是每个岗位、每个人的工作都与合同管理有关，如业主的招标部门是合同的订立部门，工程管理部门是合同的履行部门等。工程合同管理不仅需要专职的合同管理人员和部门，而且要求参与工程管理的其他各种

❶ 王上博.浅谈 BIM 技术在工程合同管理中应用的障碍及对策 [J].建筑工程技术与设计，2020（2）：2721.

人员或部门都必须精通合同，熟悉合同管理工作。因为工程合同管理是通过项目管理班子内部各部门、全员的分工协作、相互配合实现的，所以合同管理过程中的相互沟通与协调显得尤为重要，体现出了合同管理需各部门、全员分工协作的协作性特点。

4. 风险性

建筑工程实施时间长，涉及面广，容易受外界环境如经济、社会、法律和自然条件等的影响，这些因素一般被称为工程风险。工程风险难以预测，也难以控制，一旦发生往往会影响合同的正常履行，造成合同延期和经济损失，因此工程风险管理成为工程合同管理的重要内容。

由于建筑市场竞争激烈，投标报价成为施工投标中能否中标的关键性指标，因此导致建筑工程合同价格偏低，同时业主也经常利用在建筑市场中的买方优势，提出一些苛刻的条件。加之我国还处于市场经济的初级阶段，因此，合同双方的信用风险也是工程合同管理的重要内容。

5. 动态性和多变性

由于工程持续时间长，与工程相关的合同，特别是施工合同的生命期长，工程价值量大，合同价格高。由于合同履行过程中内外干扰事件多，合同变更频繁，合同管理必须按照变化了的情况不断调整，这就要求合同管理必须是动态的，项目管理人员必须加强对合同变更的管理，做好记录，将其作为索赔、变更或终止合同的依据。

（三）合同管理的目标

由于合同在工程中的特殊作用，项目的参与者以及与项目有关的组织都有合同管理工作。对于建筑工程合同来说，发包人、承包人和监理人根据在工程项目中角色的不同有不同角度、不同性质、不同内容和不同侧重点的合同管理工作。

合同管理是对建筑工程合同的策划、签订、履行、变更、索赔和争议解决的管理，是施工项目管理的重要组成部分。合同管理是为项目目标和企业目标服务的，以保证项目目标和企业目标的实现。具体地说，合同管理的目标包括以下几项。❶

①使整个施工项目在预定的成本（投资）、预定的工期范围内完成，达到

---

❶ 谭文凌. 浅谈 BIM 技术在工程合同管理中应用的障碍及对策［J］.建筑工程技术与设计，2018（17）：3968.

预定的质量和功能要求，即实现项目的三大目标。

②使施工项目的实施过程顺利，合同争议较少，合同双方当事人能够圆满地履行合同义务。

③保证整个建筑工程合同的签订和实施过程符合法律的要求。

④工程竣工时双方都满意，发包人按计划获得一个合格的工程，达到投资目的，对工程、承包人以及双方的合作感到满意；承包人不但获得合理的价格和利润，还赢得了信誉，建立双方友好的合作关系。这也是企业经营管理和发展战略对合同管理的要求。

（四）合同管理的关键控制点

为有效地提高合同管理水平，准确把握合同重点内容，避免合同纠纷，统筹管理和调控整个项目实施，保证项目目标的实现，必须明确合同管理的关键控制点和主要风险点，具体包括以下内容。

1. 合同主体明确且适格

建筑工程合同是承包人进行工程建设，发包人支付工程价款的合同。可见，合同主体为发包人和承包人。对发包人，法律没有特别的规定；因工程承包专业性、风险性的特点，承包人须是具有相应的建筑企业资质证书的法人，并且要在资质证书规定的经营范围内承揽相应的工程建设任务，即合同主体双方必须适格。

2. 合同文本组成及解释的先后顺序

合同文本一般由协议书、中标通知书、投标函、专用条款、通用条款、技术规范与标准、图纸、已标价工程量清单或预算书等组成。在合同双方无特别约定的情况下，合同文本遇到冲突时，其解释效力递减。

3. 工期约定

合同中一般约定有计划开工日期、计划竣工日期、实际开工日期、实际竣工日期和总工期，合同双方必须严格按照合同约定的工期来履行相应的义务，并在对方违约时依据合同主张应有的权利。

4. 合同价款支付

合同价款一般涉及预付款、进度款、结算款和质量保证金四个部分。预付款是指为承包人进行工程准备和材料采购而预付的合同价款（一般为合同额的10%~30%），此项款会在后期的进度款中分期扣回。进度款是指随着工程建设而支付的合同价款。结算款是指最终结算完成后，发包人应支付给承包人的余额。质量保证金是指为保证承包人在缺陷责任期内履行合同约定的保修义务而预先扣留的金额（一般为合同价款的5%）。

5. 质量目标

交付质量合格的工程是承包人最基本的合同义务，也是发包人支付合同价款的基准前提。若发包人对工程质量有特别要求，可以在合同中明确相应的质量目标，承包人则应根据发包人的要求进行施工，交付满足发包人质量要求的工程。

6. 索赔与违约责任

建筑工程技术复杂、专业性强，施工过程中极易受到客观环境的影响，导致发生合同争议。因此，为有效地化解双方矛盾，解决合同纠纷，必须在合同中有明确的争议解决办法，使双方能够依据合同条款主张各自的权利，以最短的时间和最小的经济成本进行纠纷处理，最终保证合同目标的顺利实现。

二、业主方在合同管理中存在的问题

业主方在建筑工程合同管理中存在以下不足之处。

（一）建筑工程合同信息化管理水平滞后

信息化管理是我国建筑工程合同管理中最薄弱的环节，主要表现在对合同信息管理的内涵理解不深刻，以及对合同信息化管理的组织、方法和手段应用不足。随着建筑工程合同管理工作的开展，工程项目信息数据量迅速增多，现阶段越来越多的项目规模大且结构复杂，传统的纸质文件需要更多的人员和更高的成本去进行档案管理，造成人员和成本的浪费，已不能满足现阶段的合同管理的要求。目前，我国业主方对合同的信息化管理重视程度不高，对建筑工程合同的签订、实施和结束阶段的信息的收集、存储和维护方式滞后，没有实现真正意义上的信息化管理。在我国，由于受到传统行业思维和观念的影响，对合同的信息化管理更多的是关注对合同文本内容存储、读取和打印等功能层面上，而对合同内容的解读、合同执行情况、合同管理的纠偏及调整等工作没有实现信息化管理，离合同管理人员及其他项目管理人员通过计算机辅助技术来进行合同内容分解、合同执行跟踪与监督的目的还相差甚远。

总的来说，目前建筑工程合同信息化管理存在的问题主要表现在以下方面：第一，现阶段信息沟通方式以纸质文件为主，落后的信息沟通方式造成了管理工作效率低；第二，建筑工程合同参与方之间沟通及时性差、信息传递延迟；第三，工程项目信息在不同阶段、不同管理人员之间流动过程中容易造成信息失真，且部分信息会流失；第四，我国对建筑工程合同信息在计算机硬件和软件上的管理没有统一的标准，导致信息化管理水平较低。

（二）建筑工程合同管理观念和意识淡薄

建筑市场是以建筑产品为交易对象的买卖市场，目前，我国建筑市场的竞争日趋激烈，业主方会在合同中提出苛刻的条款，承包方为了能够获得工程的承包资格，往往处于被动状态，被迫于发包方签订权责不对等的建筑工程合同；一些业主方和承包方为了自身的利益，签订"阴阳合同"，逃避建设行政主管部门的监督和检查，在建筑工程合同履行过程中造成合同纠纷问题，难以管理。合同签订以后，业主方不能充分认识到合同的重要性，不按照签订的合同履行义务，合同执行力低，随意更改甚至违背合同条款，造成严重的违约行为。

由于签订的建筑工程合同自身存在不公平性或不规范性，以及发包方和承包商双方或其中一方法律意识薄弱，不能及时运用法律手段维护自己的合法权益，如不能及时提出索赔或者反索赔，导致索赔或者反索赔的工作难以开展。总之，产生上述原因主要归结于业主方对建筑工程合同管理的观念和意识淡薄。

（三）建筑工程合同管理专业人才缺乏

由于建筑工程合同涉及内容多，专业面广，建筑工程合同管理者需要具有较高的专业知识技能和综合素质能力。建筑工程合同管理人员既要熟悉建筑相关的法律法规条文，又要具有丰富的施工管理工作经验，同时还要掌握一些造价、管理等方面的知识。但是，我国目前缺乏专业知识技能高、综合素质能力强的合同管理人才，这极大地制约了我国建筑工程合同的管理水平。

目前，我国普遍缺乏建筑工程合同管理人员管理水平高的人员，大部分合同管理人员的水平不高，尤其难以满足大型复杂项目对建筑工程合同管理工作的要求，无法独立地处理建设项目中一些复杂的工程技术及经济难题。另外，建筑工程合同管理是合同商谈、拟定、签约、履行、变更、中止一系列全过程的管理，大多数建筑工程合同管理人员只注重合同签订前的工作，通常在合同签订后便忽视了合同的履行义务，甚至没有按照合同文件中规定的条款进行项目建设，只有当发生争议的时候才重新翻阅合同条款，缺乏运用建筑工程合同主动控制建设过程的思想。所以，加强对建筑工程合同管理专业人才培养是提高我国建筑工程合同管理水平的重要途径之一。

（四）建筑工程合同签订文本不规范

我国推行合同示范文本制度，2017年9月，住房城乡建设部、国家工商行政管理总局重新修订了《建设工程施工合同（示范文本）》（GF-2017-0201），自2017年10月1日开始实施。该示范文本的推行，一方便了当事人了解和掌握现有的法律法规，使签订的建筑工程合同符合现有法律法规的要求，避免出现不公平的合同条款；二有利于建设行政主管部门对建筑工程合同的检查和监督；三有助于人民法院或仲裁机构对建筑工程合同纠纷及时做出处理，维护合同双方的权益。由此可见，该示范文本是国家为了加强和规范建筑市场行为，平衡合同双方的权利和义务而颁布实施的。但是，在具体实施的时候，业主方往往既不根据工程项目的具体特征又不按照示范文本签订合同。相当多的建筑工程合同责任划分不明确，缺乏对合同双方相应权利、义务和违约责任全面的描述和明确的规定。尤其是业主方为了降低自己在合同中承担的风险，制定出不规范的建筑工程合同文本，将更多的风险转嫁给承包方。而承包方在进行合同签订时未仔细推敲合同条款，如违约责任、索赔条件等约定含糊，一旦发生纠纷容易产生争议，增加了建筑工程合同管理的难度。事实上，使用国家推行的标准化示范文本签订合同，可避免类似问题的产生，对完善建筑工程合同管理制度、提高建筑工程合同管理水平具有极大的推动作用。

通过研究分析，建筑工程合同信息化管理水平滞后、合同管理观念和意识淡薄、合同管理专业人才缺乏以及建筑工程合同签订文本不规范等问题严重地制约着我国建筑工程合同的管理。提高我国建筑工程合同管理水平迫在眉睫，需要建设行政主管部门以及其他相关部门和企业重视建筑工程合同管理，建立健全相关机制，完善法律法规，探索出适合我国的建筑工程合同管理之路。

三、BIM 技术应用于合同管理的价值

BIM作为信息化的新技术，能够促进业主合同管理的严谨性，具有如下优势。❶

---

❶ 庞佳丽，朱海波.浅谈BIM技术在工程合同管理中应用的障碍及对策[J].价值工程，2016（32）：79-80.

（一）对合同索赔有较强的抗干扰作用

合同索赔是法律维护受害者权利的一种手段。对于业主方来说，建筑工程合同索赔是一种避免损失的方法。在建筑市场激烈的竞争中，不平等现象时常发生，导致索赔工作受到很多因素的干扰。通常在大型工程项目的施工过程中，难免会出现很多的交叉现象，特别是范围大、跨度广的工作界面会出现不同程度的碰撞，从而影响工期进度。BIM的一体化模型可以很好地排除外界因素的干扰，并且能准确地提取双方的原始信息，这样就能使双方共享一个模型，确保项目中的工程信息在工程进程中的一致性。

（二）对合同管理有很强的监督和控制作用

对一些不重视合同管理的工程来说，其合同的归档管理和分级管理机制必然很不健全，合同管理的程序很不明确，制度执行不力，管理过程中缺乏必要的审查和评估。在此环境下，BIM技术的应用无疑会起到很强的监督和控制作用，BIM技术在建筑工程中的定义是具有较高业务价值的合同文件，它需要明确工程进程的具体时间，以及何时提交、什么人提交、怎么使用等问题，所以合同信息提交计划必须要严格说明。

（三）实现项目全生命周期的信息统筹管理

在BIM标准的支撑下，完整的合同体系将对建设项目电子信息文件的使用、交付及管理等做出规定，实现数据资源的信息化、信息资源的知识化。同时，合同体系将进一步明确设计者的协同设计责任，避免设计中出现错、漏、碰、缺等情况，也可避免后期的设计变更，有利于节约建设工程成本，提升项目管理效率。

（四）明确项目参与方应用 BIM 技术的法律责任和合同责任

在BIM标准的支撑下，工程合同中将对BIM 软件平台的知识产权保护、使用及管理权限、侵权行为的处理等法律责任进行界定。同时，对于项目各阶段工作成果未能按照约定时间和标准进行交付的合同责任予以约定。

四、BIM 在合同管理中的具体应用

（一）基于 BIM 技术的合同管理

对于业主方来说，建筑施工合同管理需要从招标开始，至保修日结束为止，尤其要加强施工过程中的合同管理。具体来说，要全面履行合同义务，以防止被对方索赔；要做好合同文件的管理工作，合同、补充合同协议及经常性的工地会议纪要、工作联系单等作为合同内容的一种延伸和解释，必须完整保存，同时建立技术档案，对合同执行情况进行动态分析，根据分析结果采取积极主动措施。

1. 基于 BIM 的合同动态管理

建筑工程建设是一个动态的过程，不仅需要对工程项目信息进行及时采集、跟踪和处理，还要对可能发生的风险进行预测和分析，BIM技术结合工程管理方法在BIM3D可视化基础上附加时间和成本信息，增加了对工程合同动态管理的可实施性。尤其是面对工程体量大、施工技术新、工程复杂程度高的工程项目，工程涉及的合同数量大，管理难度高，业主方必然需要结合BIM技术进行信息化管理。

在工程进行的过程中，由于实际情况千变万化，合同实施与预定目标发生偏离，业主方需要对合同实施进行跟踪，要不断找出偏差，调整合同实施，BIM技术可方便业主方进行相关工作。

2. 基于 BIM 的合同信息管理

随着现代工程建设项目规模的不断扩大，工程难度与质量要求不断提高，而利润含量却不断降低，工程管理的复杂程度和难度也越来越大。同时信息量也不断扩大，信息交流的频度与速度也在增加，相应地工程管理对信息管理的要求也越来越高。BIM技术为工程项目管理提供了一种先进的管理手段。

目前，业主方在合同管理中对信息的处理还基于纸质，信息的流速并不快。因此，提高业主方信息管理水平，加强合同实施过程的信息管理，必须从以下两方面着手。一是建立基于BIM的合同管理系统，对有关信息进行链接，做到资源共享，加快信息的流速，降低项目管理费用；二是加强对业主、监理、分包商等的信息管理，对发出信息的内容和时间要有签字，对流入的信息要及时处理。

3. 优化工程合同条款

基于BIM技术的合同管理，在原有的3D模型上添加了进度和成本维度，使工程在实施过程中可以使用虚拟的施工方法，从而有利于业主方制定责任明确、各种方案优化的合同条款。

（二）基于 BIM 技术的合同管理的几点建议

1. 积极寻求 BIM 相关软件厂商合作

在目前的国内建筑市场上，BIM软件更多的应用于设计和建造过程中，对于合同管理的应用较少，这就造成了能够直接用于提高合同管理水平的BIM软件有限。对于业主方来说，积极地和BIM相关厂商合作，从实际工程施工角度给出合同管理过程中遇到的问题和应用难题，积极地帮助BIM厂商技术攻关，设计出更适应合同管理的BIM相关软件，势必是双方共赢的合作方式。

2. 培养业主方 BIM 技术应用人才

专业型人才的引入是保证BIM技术在建筑行业中持续发展的基础，也是提升基于BIM的工程合同管理工作成效的关键。针对这一问题来说，我们主要应从以下两方面做起：对于业主方来说，应及时对在岗工作人员展开培训，确保这些人员能够熟悉BIM技术的意义及应用方式；对于国家政府来说，相关部门应大力推进BIM技术专业人才的培养，以保证人才的供应。

第四章 建筑工程设计方对 BIM 技术的应用

BIM技术在建筑设计单位的应用呈逐年递增趋势，这是建筑工程设计的必然趋势——设计越来越追求质量、效率、可视性、成本、精细化管理、实现对整个项目全生命周期的管理控制，而这些都可以通过BIM技术达到。整体而言，建筑工程设计方应用BIM技术的价值有以下具体表现。

第一，促进设计模拟的准确性。在建筑设计阶段，设计人员需要提前对施工场地进行分析勘测，包括建筑工地的地质条件、建筑物的采光、建筑物附近的道路通达情况等。传统的地质勘测需要花费大量时间与人力财力，BIM技术的应用可大幅缩短此项进程，设计者可通过构建三维立体模型对建筑物及附近情况进行分析，也可通过模拟阳光等自然条件分析建筑物的性能。同时，BIM技术可提前模拟施工变更的各类情况，以建模的形式预判变更的复杂程度，在时间上为施工明确范围，并减少实际施工变更时的考察时间，在造价上进行精准预算，减少不必要的损失，从而帮助甲方实现利益最大化。

第二，提高建筑物的可视化程度。传统的设计软件只能看二维平面图，再复杂一点就是正面、立面、俯视图等，立体感不强的设计师和用户只能通过想象来获得建筑物的整体概念。BIM技术可提高建筑物的可视化程度。顾名思义，提高建筑物的可视化程度就是BIM技术可以在设计阶段让我们看到全通透的三维立体全构造图，而这种全面展现空间构造的形式对于空间要求很高的建筑设计来说是迫切需求的。首先它可以满足设计师和用户对设计效果的真实感知，对设计成果理解得更加直观、透彻；其次它可以使设计师从复杂的、繁冗的线条中解脱出来，使复杂的工作变得简单化；最后它便于设计师及时、准确地发现设计中存在的问题，优化设计。

第三，保证建筑物的质量。CAD等传统设计软件仅能在二维平面作图，缺乏立体感，不便于直观分析建筑内部构造。BIM技术的优势不仅在于它可以可视化地分析整个建筑物外部及内部构造，还在于它可以构建立体的建筑内部构件，分析它们的相对位置及作用，从而保证建筑物质量。比如，供水供气管道，BIM技术可以将管道体系完整地模拟出来，并通过碰撞检查对线路进行检测和优化，还可以调整管道直径、长度、材质等各项数据，保证接口的完美；若在自动检测中发现不合理之处，可以对有问题的点线面进行微调，其余模型也会自动优化。与传统的手动全面调整相比，BIM的优势显而易见。

第四，强化建筑设计深度。建筑物细节的设计要求极为严格，任何小瑕疵都可能导致施工时间的延长，对用户造成极大的损失。BIM技术可强化建筑设计深度，不仅能展现外部设计的三维效果，还能对外部防水、保温等做出模拟。同时，BIM技术还可实现建筑内部的精细展现，具有极大的实用性，比如它可模拟电梯井位置，从而判断电梯位置是否合理、安全，或者模拟走廊、房间的占地及格局，实现空间利用最大化。此外，BIM技术还有很好的信息管理作用，在对各个建筑物结构测量后，能够对数据进行处理和分析，并提供出有效的、可使用的设计方案，对数据的管理能力极强。若在设计全过程运用BIM技术，建筑人员可实时获得动态数据，便于及时调整，提高效率。

考虑到建筑工程设计方应用BIM技术具有如此多的优势，有必要在建筑设计单位推广BIM技术，其应用流程如图4-1所示。根据图4-1所示流程，本章分别介绍BIM技术在方案设计、设备设计和施工图设计三个阶段的应用。

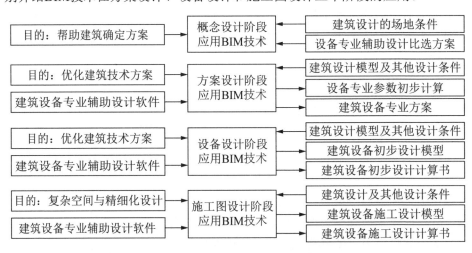

图 4-1　建筑工程设计阶段 BIM 技术的应用流程

第一节　方案设计阶段

方案设计主要是指从建筑项目的需求出发，根据建筑项目的设计条件，研究分析满足建筑功能和性能的总体方案，提出空间架构设想、创意表达形式及结构方式的初步解决方法等，为项目设计后续若干阶段的工作提供依据及指导性文件，并对建筑的总体方案进行初步的评价、优化和确定。

一、方案设计阶段 BIM 技术的应用内容

方案设计阶段的BIM技术应用主要是利用BIM技术对项目的可行性进行验证，对下一步的深化工作进行指导和方案细化。利用BIM技术软件对建筑项目所处的场地环境进行必要的分析，如坡度、方向、高程、纵横断面、填挖方、等高线、流域等，作为方案设计的依据，进一步利用BIM技术软件建立模型，输入场地环境相应的信息，进而对建筑物的物理环境（如气候、风速、地表热辐射、采光、通风等）、出入口、人车流动、结构、节能排放等方面进行模拟分析，选择最优的工程设计方案。

二、BIM 技术在方案阶段的具体应用

（一）概念设计

概念设计是指利用设计概念并以其为主线贯穿全部设计过程的设计方法。它是完整而全面的设计过程，通过设计概念将设计者繁复的感性和瞬间思维上升到统一的理性思维从而完成整个设计。概念设计阶段是整个设计阶段的开始，设计成果是否合理、是否满足业主要求，对整个项目后续阶段的实施具有关键性作用。

基于BIM技术的高度可视化、协同性和参数化的特性，建筑师在概念设计阶段可实现在设计思路上的快速、精确表达的同时，实现与各领域工程师无障碍信息交流与传递，从而实现了设计初期的质量、信息管理的可视化和协同化。在业主要求或设计思路改变时，基于参数化操作可快速实现设计成果的更改，从而大大提高了方案阶段的设计进度。

BIM技术在概念设计中应用主要体现在空间形式思考、饰面装饰及材料运用、室内装饰色彩选择等方面。

1. 空间设计

空间形式及研究的初步阶段在概念设计中称为区段划分，是设计概念运用中首要考虑的部分。

（1）空间造型设计

空间造型设计即对建筑进行空间流线的概念设计，如某设计是以创造海洋或海底世界的感觉为概念，则其空间流线应多采用曲线、弧线、波浪线的形式。当对形体结构复杂的建筑进行空间造型设计时，利用BIM技术的参数化设计可实现空间形体的基于变量的形体生成和调整，从而避免传统概念设计的工作重复、设计表达不直观等问题。

（2）空间功能设计

空间功能设计即对各个空间组成部分的功能合理性进行分析设计，传统方式中采用列表分析、图例比较的方法对空间进行分析，思考各空间的相互关系，人流量的大小，空间地位的主次，私密性的比较，相对空间的动静研究等。基于BIM技术可对建筑空间外部和内部进行仿真模拟，在符合建筑设计功能性规范要求的基础上，高度可视化模型可帮助建筑设计师更好地分析其空间功能是否合理，从而实现进一步的改进、完善。这样有利于在平面布置上更有效、合理地运用现有空间，使空间的实用性充分发挥。

2. 饰面装饰初步设计

饰面装饰设计中，对材料的选择是影响是否能准确表达设计概念的重要因素。选择具有人性化的带有民族风格的天然材料，还是选择高科技的、现代感强烈的饰材，都是由不同的设计概念所决定的。基于BIM技术，可对模型进行外部材质选择和渲染，甚至还可对建筑周边环境进行模拟，从而能够帮助建筑师高度仿真地置身模拟中对饰面装修设计方案进行体验和修改。

3. 室内装饰初步设计

色彩的选择往往决定了整个室内气氛，同时也是表达设计概念的重要组成部分。在室内设计中设计概念即是设计思维的演变过程，也是设计得出所能表达概念的结果。基于BIM技术，可对建筑模拟进行高度仿真性内部渲染，包括室内材质、颜色、质感甚至家具、设备的选择和布置，从而有利于建筑设计师

更好地选择和优化室内装饰初步方案。❶

（二）场地规划

场地规划是指为了达到某种需求，人们对土地进行长时间的刻意的人工改造和利用。这其实是对所有和谐的适应关系的一种图示，即分区与建筑、分区与分区。所有这些土地利用都与场地地形适应。

BIM技术在场地规划中应用主要包括场地分析和总体规划。

1. 场地分析

场地分析是对建筑物的定位、建筑物的空间方位及外观、建筑物和周边环境的关系、建筑物将来的车流、物流、人流等各方面的因素进行集成数据分析的综合。场地设计需要解决的问题主要有：建筑及周边的竖向设计确定、主出入口和次出入口的位置选择、景观和市政需要配合的各种条件。在方案策划阶段，景观规划、环境现状、施工配套及建成后交通流量等方面，与场地的地貌、植被、气候条件等因素关系较大。传统的场地分析存在诸如定量分析不足、主观因素过重、无法处理大量数据信息等弊端。通过BIM技术结合GIS进行场地分析模拟，可得出较好的分析数据，能够为设计单位后期设计提供最理想的场地规划、交通流线组织关系、建筑布局等关键决策。

2. 总体规划

通过BIM技术建立模型能够更好地对项目做出总体规划，并得出大量的直观数据作为方案决策的支撑。例如在可行性研究阶段，管理者需要确定出建设项目方案在满足类型、质量、功能等要求下是否具有技术与经济可行性，而BIM技术能够帮助提高技术与经济可行性论证结果的准确性和可靠性。通过对项目与周边环境的关系、朝向可视度、形体、色彩、经济指标等进行分析对比，化解功能与投资之间的矛盾，使策划方案更加合理，为下一步的方案与设计提供直观、带有数据支撑的依据。❷

（三）方案比选

方案设计阶段应用BIM技术进行设计方案比选的主要目的是选出最佳的设计方案，为初步设计阶段提供对应的设计方案模型。基于BIM技术的方案设计是利用BIM技术软件，通过制作或局部调整方式，形成多个备选的建筑设计方

❶ 李慧民 .BIM 技术应用基础教程 [M]. 北京：冶金工业出版社，2017：76.

❷ 刘占省，孟凡贵 .BIM 项目管理 [M]. 北京：机械工业出版社，2018：69.

案模型，进行比选，使建筑项目方案的沟通、讨论、决策在可视化的三维场景下进行，实现项目设计方案决策的直观和高效。

总之，BIM技术系列软件具有强大的建模、渲染和动画技术，通过BIM技术可以将专业、抽象的二维建筑描述通俗化、三维直观化，使得业主等非专业人员对项目功能性的判断更为明确、高效，决策更为准确。同时，基于BIM技术和虚拟现实技术对真实建筑及环境进行模拟，可出具高度仿真的效果图，设计者可以完全按照自己的构思去构建装饰"虚拟"的房间，并可以任意变换自己在房间中的位置，去观察设计的结果，直到满意为止。这样就使设计者各设计意图能够更加直观、真实、详尽地展示出来，既能为建筑的投资方提供直观的感受，又能为后续的施工提供很好的依据。

第二节　设备设计阶段

一、设备设计阶段BIM技术的应用内容

（一）管线综合

BIM模型设计是对整个建筑设计的一次"预演"，也是一次全面的"三维校审"过程，在此过程中可发现大量隐藏在设计中的问题。这些问题在传统的单专业校审过程中很难被发现，但在BIM模型面前则无所遁形。BIM技术的应用提升了整体设计质量，并大幅减少了后期工地处理的投入。

与传统二维管线综合对比，三维管线综合设计的优势具体体现在：BIM模型整合了所有专业的信息，对专业协调的结果进行全面检验，专业之间的冲突、高度方向上的碰撞是检测的重点。BIM模型均按真实尺度建模，传统表达予以省略的部分（如管道保温层等）均得以展现，能将各种隐藏的问题暴露出来；建筑、结构、机电全专业建模并协调优化，全方位的三维空间模型可在任意位置多角度观察审阅，或进行漫游浏览，管线关系一目了然；可进行管线碰撞的检测，全面快捷地检测管线之间、管线与建筑、管线与结构之间的所有碰撞问题；能以三维方式提交设计成果，可以非常直观地表达所有管线的变化及各区域的净高，为审阅和施工配合提供了便利。

在大型建筑项目或复杂的建筑项目的管线综合中，依靠人力进行检测和排

查大量的构件冲突是一项艰巨的工作，而BIM模型的碰撞检测功能则充分发挥了计算机对庞大数据的处理能力。

碰撞检测即对建筑模型中的建筑构件、结构构件、机械设备、水暖电管线等进行检查，以确定它们之间不发生因交叉、碰撞而无法施工的情况。目前二维CAD软件做不到这一点，因为碰撞检测所需基本信息不仅要有构件的空间几何尺寸，还要求有软件封装对这些信息进行计算的函数，这些是基于BIM技术面向对象的设计软件才能提供的功能。碰撞检测的原理是利用数学方程描述检测对象轮廓，调用函数求检测对象的联立方程是否有解。

一般而言，建筑设计中的碰撞大致有以下五类。

①实体碰撞，即对象间直接发生交错。

②延伸碰撞，如某设备周围需要预留一定的维修空间，或出于安全考虑与其他构件间应满足最小间距要求，在此范围内不能有其他对象的存在。

③功能性阻碍，如管道挡住了日光灯的光，虽未发生实体碰撞，但后者不能实现正常功能。

④程序性碰撞，即在模型设计中管线间不存在碰撞问题，但施工中因工序错误，一些管线先施工致使另外的管线无法安装到位。

⑤未来可能发生的碰撞，如系统扩建、变更。

当模型的各个专业（建筑、结构、设备）设计完成，集成到一个建筑模型中时，制订相应的检测规则，即可进行碰撞检测，碰撞检测节点将自动生成截图及包含相交部分长度、碰撞点三维坐标等信息的详细的检测报告，便于查找碰撞的构件和位置。通过碰撞检测可以查找风道水管是否相交、空调管道的高度是否合适等，在施工前避免不必要的错误，节省人力物力。

（二）专业设备

传统的建筑机电设计主要采取二维CAD绘图的方式，其设计一般在建筑初步设计过程中介入。设计师在建筑设计基础上，根据总体设计方案及规范规定选取技术指标和系统形式，进行负荷计算，确定设备型号，并进行管线系统设计，将各种水、暖、电设备连接成为完整的系统。但是，建筑机电各专业设计完成后并不能直接出图，因为在各专业独立设计的情况下，往往会出现不同设计师和不同专业设计的管线发生交叉碰撞的问题，必须进行各专业间的管线综合。若用传统的二维设计，在设计阶段很难解决管线综合问题，只能在各专业设计完成后反复协调，将各方图纸进行比对，发现碰撞问题，提出解决方案，最终确定成图。

二、BIM 技术在设备设计阶段应用的流程

应用 BIM 建模解决空间管线综合、碰撞问题流程如下。

引用建筑模型，进行初步分析。通过引用建筑专业初步设计完成的建筑模型，对建筑模型进行预处理，如隐藏不需要的对象，建立负荷空间计算单元，提取面积、体积等空间信息，指定空间功能和类型，计算设计负荷，导出模型数据，进行初步分析。

建立机电专业模型，进行机电选型。在建筑模型空间内由设备、管道、连接件等构件对象组合成子系统，最后并入市政管网。

整理、输出、分析各项数据，三方软件进行调整更新原设计。现有的 BIM 软件能对系统进行一些初步检测，如检测电力系统负荷是否超过指定值，或使用其他软件调用分析后再导入，进行设计更新，从而实现数据共享，合作设计。

通过碰撞检测功能进行各专业管线碰撞检测，在设计阶段减少碰撞问题，再根据最后的汇总调整设计方案。

组合建筑、结构、水暖电各专业所需表现的建筑信息模型，自动生成各专业的设计文档，如平面图、立面图、系统图、详图、设备材料表等。至此，一个完整的机电设计就基本完成，经过校对、审核、审定后即可发布图纸。

BIM 对于设备专业的益处除了通过三维模型解决空间管线综合及碰撞问题之外，还在于能够自动创建路径和拥有自动计算功能，具有很高的智能性。

在暖通、给水排水、电气方面，BIM 可以根据设计需求建立带有参数的三维模型，便于各专业设计师直观地沟通设计意图，提高设计效率。智能化的计算功能，可以免去过去繁复的计算之苦。例如，暖通的风道及管道管径和压力计算都可以使用内置的计算器一次性确定；电气的馈进器及配电盘的预计需求负载可以在设计过程中高效快速地计算以确定设备尺寸；根据房间内的照明装置自动估算照明级别；设计倾斜管道时，只需定义坡度并进行管道布局，即会自动布置所有的升高和降低，并计算管底高程。自动创建路径也给设计工作带来很大的方便，如自动创建风道管路，可根据需要约束布线路径；进行电气设计布局时自动创建配电盘明细表，直接通过内置的配电盘线路编辑器轻松编辑线路；自动连接灯具和插座，将回路包含到与这些电气设备对应的配电盘中。

第三节 施工图设计阶段

一、施工图设计阶段 BIM 技术的应用价值

施工图设计是建筑项目设计的重要阶段，是联系项目设计和施工的桥梁。本阶段主要通过施工图纸，表达建筑项目的设计意图和设计结果，并作为项目施工制作的依据。

施工图设计阶段BIM技术的应用是各专业模型构建并进行优化设计的复杂过程。各专业信息模型包括建筑、结构、给水排水、暖通、电气等专业。在此基础上，根据专业设计、施工等知识框架体系，进行冲突检测、三维管线综合等基本应用，完成对施工图设计的多次优化。针对某些会影响净高要求的重点部位，进行具体分析，优化机电设备系统空间走向排布和净空高度。

二、BIM 技术在施工图设计阶段的具体应用

施工图设计阶段BIM技术的应用主要包括各协同设计与碰撞检查、结构分析、工程量计算、施工图出具、三维渲染图出具等。其中，三维渲染图出具需要结合具体案例介绍，否则没有实际意义，而第九章会涉及案例分析，故本节不再展开介绍。

（一）管线全方位冲突检测

设计施工图阶段，若相关各专业没有经过充分的协调，可能直接导致施工图出图进度的延后，甚至进一步影响整个项目的施工进度。利用BIM技术建立三维可视化的模型，在碰撞发生处可以实时变换角度进行全方位、多角度的观察，便于讨论修改，这是提高工作效率的一大突破。BIM使各专业在统一的建筑模型平台上进行修改，各专业的调整实时显现，实时反馈。

在传统的施工图设计工作中，重复的工作量导致大量时间耗费，这就是不具备参数能力的线条所组成的图形所暴露出的局限性。BIM技术应用下的任何修改体现在以下方面。首先，能最大限度地发挥BIM模型所具备的参数化联动特点，从参数信息到形状信息各方面同步修改。其次，无改图或重新绘

图的工作步骤，更改完成后的模型可以根据需要来生成平面图、剖面图及立面图。

为避免各专业管线碰撞问题，提高碰撞检测工作效率，推荐采用图4-2所示的BIM模型碰撞检测流程，具体步骤如下。

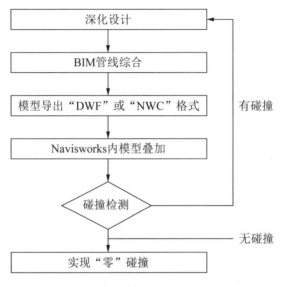

图 4-2　BIM 模型碰撞检测流程

①将综合模型按不同专业分别导出。模型导出格式为DWF或NWC的文件。

②在Navisworks 软件里面将各专业模型叠加成综合管线模型进行碰撞检测。

③根据碰撞结果回到Revit软件里对模型进行调整。

④将调整后的结果反馈给设计师；设计师调整设计图，然后将图纸返回给BIM 设计员；最后BIM设计员将三维模型按设计图进行调整，碰撞检测。如此反复，直至碰撞检测结果为"零"碰撞为止。

在以往的BIM模型深化设计碰撞检测工作开展的过程中发现，当对碰撞处进行调整后，如果缺乏各专业间的协调沟通、同步调整，就会产生新的碰撞位置，导致一而再、再而三产生碰撞，并再次讨论再次修改。针对该现象，结合国内外的BIM模型应用的经验，我们认为全方位碰撞检测时首先进行的应该是各专业与建筑结构之间的碰撞检测，在确保机电设备与建筑结构之间无碰撞之后，再对模型进行综合管线间的碰撞检测。同时，根据碰撞检测结果对原设计进行综合管线调整，对碰撞检测过程中可能出现的误判，人为对报告进行审核调整，进而得出修改意见。可以说，各专业间的碰撞交叉是施工图设计阶段中无法避免的一个问题，但运用BIM技术则可以通过将各专业模型汇总到一起之后利用碰撞检测的功能，快速检测到并提示空间某一点的碰撞，同时以高亮做出显示，便于设计师快速定位和调整管路，从而极大地提高工作效率。

（二）方案对比

利用BIM软件可进行方案对比，通过不同的方案对比，选择最优的管线排布方式。图4-3中，方案一中管道弯头比较多，布置略显凌乱，相比较而言，方案二中管道布置比较合理，阻力较小，是最优的管线布置方式。若最优方案与设计图有出入，则可与设计师进行沟通，修改设计图。

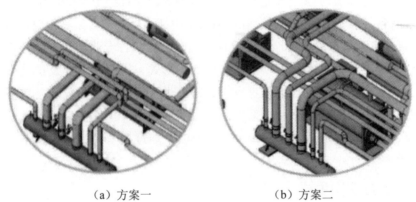

（a）方案一　　　　　　　　　（b）方案二

图4-3　方案对比

（三）空间合理布留

管线综合是一项技术性较强的工作，不仅可以解决碰撞问题，同时也能解决系统的合理性和优化问题。当多专业系统综合后，个别系统的设备参数不足以满足运行要求时，可及时做出修正，对于设计中可以优化的地方也可尽量完善。

空间优化、合理布留的策略是在不影响原管线机能及施工可行性的前提下，将机电管线进行适当调整。这类空间优化正是通过BIM技术应用中的可视化设计实现的。设计人员可以任意角度查看模型中的任意位置，呈现三维实际情况，弥补个人空间想象力及设计经验的不足，保证各深化区域的可行性和合

理性，而这些在二维的平面图上是很难实现的。❶

（四）精确留洞位置

不同于普通的深化留洞，利用 BIM技术可以巧妙地运用Navisworks的碰撞检测功能，不仅能发现管线和管线间的碰撞点，还能利用这点快速，准确地找出需要留洞的地方。

（五）精确支架布留预埋位置

在施工图设计中，支架预埋布留是极为重要的一部分。在管线情况较为复杂的地方，经常会存在支架摆放困难、无法安装的问题。对于剖面未剖到的地方，支架是否能够合理安装，符合吊顶标高要求，满足美观、整齐的施工要求就显得尤为重要。BIM模型可以模拟出支架的布留方案，提前模拟出施工现场可能会遇到的问题，对支架具体的布留摆放位置给予准确定位。特别是剖面未剖到、未考虑到的地方，在BIM模型中都可以得到形象具体地表达，确保能够100%满足布留及吊顶高度要求。同时，按照各专业设计图纸、施工验收规范、标准图集要求，可以正确选用支架形式、间距、布置及拱顶方式。对于大型设备、大规格管道、重点施工部分进行应力、力矩验算，包括支架的规格、长度，固定端做法，采用的膨胀螺栓规格，预埋件尺寸及预埋件具体位置，这些都能够通过BIM模型直观反映，通过模型模拟使出图图纸更加精细。❷

（六）施工图生成

设计成果中最重要的表现形式就是施工图，施工图是含有大量技术标注的图纸，在建筑工程的施工方法仍然以人工操作为主的技术条件下，施工图有其不可替代的作用。CAD的应用大幅提升了设计人员绘制施工图的效率，但是，存在的不足也是非常明显的：在生成了施工图之后，如果工程的某个局部发生设计更新，则同时会影响与该局部相关的多张图纸，如一个柱子的断面尺寸发生变化，则含有该柱的结构平面布置图、柱配筋图、建筑平面图、建筑详图等都需要再次修改，这种问题在一定程度上影响了设计质量的提高。模型是完整描述建筑空间与构件的模型，图纸可以看作模型在某一视角的平行投影视图。基于模型自动生成图纸是一种理想的图纸产出方法，理论上，基于唯一的模型

❶ 沈艾.BIM 技术在建筑设计阶段的应用 [J].居舍，2019（10）：68.

❷ 何峰.BIM 技术在建筑设计阶段的应用 [J].建筑工程技术与设计，2019（15）：1612.

数据源，任何对工程设计的实质性修改都将反映在模型中，软件可以依据模型的修改信息自动更新所有与该修改相关的图纸，由模型到图纸的自动更新将为设计人员节省大量的图纸修改时间。施工图生成也是优秀建模软件多年来努力发展的方向，目前，软件的自动出图功能还在发展中，实际应用时还需人工干预，包括修正标注信息、整理图面等工作，其效率还不太令人满意。相信随着BIM软件的发展和完善，该功能会逐步增强，工作效率会逐步提高。

第五章　建筑工程施工方对 BIM 技术的应用

第一节　进度管理中 BIM 技术的应用

一、进度管理的基本知识

（一）进度管理的概念

进度管理是指根据进度目标的要求，对建筑工程各阶段的工作内容、工作程序、持续时间和衔接关系编制计划，将该计划付诸实施，在实施的过程中，经常检查实际工作是否按计划要求进行，对出现的偏差分析原因，采取补救措施或调整、修改原计划直至工程竣工、交付使用。进度管理的最终目的是确保项目工期目标的实现。

进度管理是建筑工程管理的一项核心管理职能。建筑项目是在开放的环境中进行的，置身于特殊的法律环境之下，生产过程中的人员、工具与设备的流动性，产品的单件性等，都决定了进度管理的复杂性及动态性，因此必须加强项目实施过程中的跟踪控制。进度控制与质量控制、投资控制是建筑工程建设中并列的三大目标之一。它们之间有着密切的相互依赖和制约关系。通常，进度加快，需要增加投资，但工程能提前使用就可以提高投资效益；进度加快有可能影响工程质量，而质量控制严格则有可能影响进度，但如因质量的严格控制而不致返工，又会加快进度。因此，项目管理者在实施进度管理工作中，要对三个目标全面、系统地加以考虑，正确处理好进度、质量和投资的关系，提高工程建设的综合效益。特别是对一些投资较大的工程，在采取进度控制措施

时，要特别注意其对成本和质量的影响。❶

（二）进度管理的目的和任务

进度管理的目的是通过控制实现工程的进度目标。通过进度计划控制，可以有效地保证进度计划的落实与执行，减少各单位和部门之间的相互干扰，确保建筑工程工期目标以及质量、成本目标的实现，同时，也为可能出现的施工索赔提供依据。

进度管理是建筑工程中的重点控制环节之一，它是保证建筑工程按期完成、合理安排资源供应和节约工程成本的重要措施。建筑工程不同的参与方都有各自的进度控制的任务，但都应该围绕投资者早日发挥投资效益的总目标去展开。建筑工程不同参与方的进度管理任务如表5-1所示。

表 5-1　建筑工程不同参与方的进度管理任务

参与方名称	任务	进度涉及时段
业主方	控制整个项目实施阶段的进度	设计准备阶段、设计阶段、施工阶段、物资采购阶段、动用前准备阶段
设计方	根据设计任务委托合同控制设计进度，并能满足施工、招标投标、物资采购进度协调	设计阶段
施工方	根据施工任务委托合同控制施工进度	施工阶段
供货方	根据供货合同控制供货进度	物资采购阶段

（三）进度管理的措施

进度管理的措施主要有规划、控制和协调。规划是指确定建筑工程总进度控制目标和分进度控制目标，并编制其进度计划；控制是指在建筑工程实施的全过程中，比较施工实际进度与施工计划进度，出现偏差及时采取措施调整；协调是指协调与施工进度有关的单位、部门和工作队组之间的进度关系。

具体而言，进度管理采取的主要措施有组织措施、技术措施、合同措施和经济措施。

1. 组织措施

组织措施主要包括建立建筑工程进度实施和控制的组织系统，订立进度

---

❶　袁翱.BIM 工程概论［M］.成都：西南交通大学出版社，2017：167.

控制工作制度，检查时间、方法，召开协调会议，落实各层次进度控制人员的具体任务和工作职责；确定建筑工程进度目标，建立建筑工程进度控制目标体系。

2. 技术措施

采取技术措施时应尽可能采用先进的施工技术、方法和新材料、新工艺、新技术，保证进度目标的实现。落实施工方案过程中，在发生问题时，及时调整工作之间的逻辑关系，加快施工进度。

3. 合同措施

采取合同措施时以合同形式保证工期进度的实现，即保持总进度控制目标与合同总工期一致，分包合同的工期与总包合同的工期相一致，供货、供电、运输、构件加工等合同规定的提供服务时间与有关的进度控制目标一致。

4. 经济措施

经济措施是指落实进度目标的保证资金，签订并实施关于工期和进度的经济承包责任制度，建立并实施关于工期和进度的奖惩制度。

（四）进度管理的原理

1. 动态控制原理

工程进度控制是一个不断变化的动态过程，在项目开始阶段，实际进度按照计划进度的规划进行运动，但由于外界因素的影响，实际进度的执行往往会与计划进度的设想出现偏差，出现超前或滞后的现象。这时应通过分析偏差产生的原因，采取相应的改进措施，调整原来的计划，使二者在新的起点上重合，并发挥组织管理作用，使实际进度继续按照计划进行。在一段时间后，实际进度和计划进度又会出现新的偏差。因此，建筑工程进度控制出现了一个动态的调整过程。

2. 系统原理

建筑工程是一个大系统，其进度控制也是一个大系统，进度控制中，计划进度的编制受到许多因素的影响，不能只考虑某一个因素或几个因素。进度控制组织和进度实施组织也具有系统性，因此，工程进度控制具有系统性，应该综合考虑各种因素的影响。

3. 信息反馈原理

信息反馈是工程进度控制的重要环节，施工的实际进度通过信息反馈给基层进度控制工作人员，在分工的职责范围内，信息经过加工逐级反馈给上级主管部门，最后到达主控制室，主控制室整理统计各方面的信息，经过比较分析做出决策，调整进度计划。进度控制不断调整的过程实际上就是信息不断反馈的过程。

4. 弹性原理

工程进度计划工期长、影响因素多，因此，进度计划的编制就会留出余地，使计划进度具有弹性。进行进度控制时应利用这些弹性，缩短有关工作的时间，或改变工作之间的搭接关系，使计划进度和实际进度吻合。

5. 封闭循环原理

建筑工程进度控制的全过程是一个计划、实施、检查、比较分析、确定调整措施、再计划的封闭的循环过程。

6. 网络计划技术原理

网络计划技术原理是工程进度控制的计划管理和分析计算的理论基础。在进度控制中，既要利用网络计划技术原理编制进度计划，根据实际进度信息，比较和分析进度计划，又要利用网络计划的工期优化、工期与成本优化和资源优化的理论调整计划。

（五）进度管理的影响因素

建设项目之所以会被许多因素影响，是因为建筑工程具有工程量大、结构与工艺复杂、施工时间长以及参与的公司较多等特点。主要分为以下几个因素，如表5-2所示。

表 5-2　进度管理的影响因素

类别	因素
人为因素	政府单位
	建设单位
	设计单位
	监理单位
	施工单位
	材料及设备供应单位

类别	因素
环境因素	地理位置
	地形地貌
	气候、水文等
资源因素	建设资金
	劳动力资源
	工程材料、构配件
	施工机具
	工程设备
技术因素	施工工艺
	施工技术
风险因素	政治风险
	经济风险
	自然灾害
	技术风险

（六）进度管理的内容

1.进度计划

建筑工程进度计划包括项目的前期、设计、施工和使用前的准备等内容。项目进度计划的主要内容就是制订各级项目进度计划，包括进行总控制的项目总进度计划、进行中间控制的项目分阶段进度计划和进行详细控制的各子项进度计划，并对这些进度计划进行优化，以达到对这些项目进度计划的有效控制。

2.进度实施

建筑工程进度实施就是在资金、技术、合同、管理信息等方面进度保证措施落实的前提下，使项目进度按照计划实施。施工过程中存在各种干扰因素，其将使项目进度的实施结果偏离进度计划，项目进度实施的任务就是预测这些干扰因素，对其风险程度进行分析，并采取预控措施，以保证实际进度与计划进度吻合。❶

---

❶ 李勇.建设工程施工进度 BIM 预测方法 [M].北京：化学工业出版社，2016：153.

3. 进度检查

建筑工程进度检查的目的是了解和掌握建筑工程进度计划在实施过程中的变化趋势和偏差程度。其主要内容有跟踪检查、数据采集和偏差分析。

4. 进度调整

建筑工程进度调整是整个项目进度控制中最困难、最关键的内容。其包括以下几个方面的内容。

①偏差分析：分析影响进度的各种因素和产生偏差的前因后果。

②动态调整：寻求进度调整的约束条件和可行方案。

③优化控制：调控的目标是使进度、费用变化最小，达到或接近进度计划的优化控制目标。

（七）进度管理目标的制定

进度管理目标的制定应在项目分解的基础上进行。其包括项目进度总目标和分阶段目标，也可根据需要确定年、季、月、旬（周）目标，里程碑事件目标等。里程碑事件目标是指关键工作的开始时刻或完成时刻。

在确定施工进度管理目标时，必须全面细致地分析与建设工程进度有关的各种有利因素和不利因素，只有这样才能制订出一个科学、合理的进度管理目标。确定施工进度管理目标的主要依据有：建设工程总进度目标对施工工期的要求，工期定额、类似建筑工程的实际进度，工程难易程度和工程条件的现实情况等。

在确定施工进度分解目标时，还应考虑以下几个方面。

①对于大型建筑工程来说，应根据尽早提供可动用单元的原则，集中力量分期分批建设，以便尽早投入使用，尽快发挥投资效益。这时，为保证每一动用单元能形成完整的生产能力，就要考虑这些动用单元交付使用时所必需的全部配套项目。因此，要处理好前期动用和后期建设的关系、每期工程中主体工程与辅助及附属工程之间的关系等。

②结合本工程的特点，参考同类建设工程的经验来确定施工进度目标，避免只按照主观愿望盲目确定进度目标，而在实施过程中造成进度失控。

③合理安排土建与设备的综合施工。按照它们各自的特点，合理安排土建施工与设备基础、设备安装的先后顺序及搭接、交叉或平行作业，明确设备工程对土建工程的要求和土建工程为设备工程提供施工条件的内容及时间。

④做好资金供应能力、施工力量配备、物资（材料、构配件、设备）供应能力与施工进度的平衡工作，确保工程进度目标的要求，从而避免其落空。

⑤考虑外部协作条件的配合情况。其包括施工过程中及项目竣工所需的水、电、气、通信、道路及其他社会服务项目的满足程度和满足时间。它们必须与有关项目的进度目标相协调。

⑥考虑建筑工程所在地区的地形、地质、水文、气象等方面的限制条件。

二、传统进度管理存在的问题

（一）建筑设计缺陷带来的进度管理问题

首先，设计阶段的主要内容是完成施工所需图纸的设计，通常一个项目的整套图纸少则几十张，多则成百上千张，有时甚至数以万计。图纸所包含的数据庞大，设计者和审图者的精力有限，存在错误是不可避免的。其次，项目各个专业的设计工作是独立完成的，这就导致各专业的二维图纸所表现的内容在空间上很容易出现碰撞和矛盾。如果上述问题没有被提前发现，而是到施工阶段才表现出来，就势必会对工程项目的进度产生影响。

（二）施工进度计划编制不合理造成的进度管理问题

虽然网络计划图是现在项目进度管理的主要工具，但是其自身的缺陷和局限性，使工程项目的进度管理仍然存在问题。首先，网络计划图计算复杂，理解困难，只适用于专业内部的使用，不利于与外界沟通和交流。其次，网络计划图表达抽象，不能直观地展示项目的计划进度过程，也不方便对项目实际进度的跟踪。最后，网络计划图要求项目工作分解细致，逻辑关系准确，这些都依赖于个人的主观经验，实际操作中往往会出现各种问题，很难完全做到。

工程项目进度计划的编制很大程度上依赖于项目管理者的经验，虽然有施工合同、进度目标、施工方案等客观条件做支撑，但是项目的唯一性和个人经验的主观性难免会使进度计划出现不合理的地方，并且现行的编制方法和工具相对比较抽象，不易对进度计划进行检查。一旦计划出了问题，那么按照计划所进行的施工过程必然不会顺利。

（三）现场人员的素质造成的进度管理问题

随着施工技术的发展和新型施工机械的应用，工程施工过程越来越趋于机械化和自动化。但是，保证工程顺利完成的主要因素还是人。施工人员的素质是影响施工进度的一个主要方面。施工人员对施工图纸的理解，对施工工艺的熟悉程度等因素都对工程能否按计划顺利完成产生影响。目前，施工人员素质普遍偏低，这对于工程进度管理的顺利进行造成极大阻碍。

（四）因参与者众多，沟通和衔接不畅导致的进度管理问题

建设项目往往会消耗大量的财力和物力，如果没有一个详细的资金、材料使用计划是很难完成的。在实际的施工过程中，由于专业不同，施工方与业主和供货商的信息沟通不充分、不彻底，业主的资金计划、供货商的材料供应计划与施工进度不匹配，也造成了工期的延误。

（五）施工环境的影响造成的进度管理问题

工程既受当地地质条件、气候特征等自然环境的影响，又受交通设施、区域位置、供水供电等社会环境的影响。工程实施过程中任何不利的环境因素都有可能对工程进度产生严重影响。目前，不少工程在开始阶段因为没有充分考虑这些环境因素的影响，所以并未提出相应的应对措施，导致进度管理效果不佳。

三、BIM 技术应用于进度管理的价值

传统工程施工进度管理存在的上述问题，究其原因是由于工程项目施工进度管理主体信息获取不足和处理效率低下造成的，而BIM技术的引入有效地解决了上述问题。

BIM技术可以支持工程进度管理相关信息在规划、设计、建造和运营维护全过程的无损传递和充分共享，BIM技术支持工程所有参建方在工程的全寿命周期内同一基准点进行协同工作，包括工程施工进度计划编制与控制。BIM技术拓宽了施工进度管理的思路，可以有效解决传统进度管理方法中的一些问题，在施工进度管理中发挥巨大价值，主要体现在以下方面。

（一）减少沟通障碍和信息丢失

BIM技术能够形象、直观地表达信息数据及模型二者之间的关系，避免二维图纸作为信息传递载体带来的信息损失，使施工方管理者可以快速地了解设计者所表达的意图并组织施工任务，减少因沟通障碍造成的工期损失。

（二）支持施工主体实现事前模拟

由于工程项目具有一次性和独立性等特点，在传统的工程施工进度管理中，由于缺乏事前模拟技术支持，很多的设计错漏、施工方案编制及施工段划分不合理等技术问题只能在实际施工过程中被发现，这给工期带来巨大的风险，而利用BIM 技术的施工模拟却可以提前发现上述问题，将出现问题时的被动事后处理转变成从空间和时间上对潜在问题、隐患的主动发觉，实现设计优化、方案优化、工期优化。

（三）提供有效的信息共享与协作环境

在基于BIM 技术的工作环境中，所有工程参建方都在一个与现实施工环境相仿的可视化环境下进行组织施工及各项业务活动。创造一个直观高效的协同环境，有利于参建方进行直观的施工方案探讨与协调，实现工程施工进度问题的协同解决。

（四）支持进度管理与资源管理的有机集成

基于BIM 技术的施工进度管理，支持管理者实现施工各阶段所需的人、材、机、料的合理配置，从而提高进度计划的准确性，确保资源分配与进度计划二者之间的协调性。另外，在项目任务划分和活动定义时，通过模型与信息的关联，可以为进度模拟功能的实现做好准备。通过可视化的施工模拟技术，可从宏观和微观两个层面对项目从整体到细部进度进行反复4D动态模拟及优化，调整任务逻辑关系，合理分配人、材、机、料等资源，实现进度的最终优化管理。

四、进度管理中BIM技术的具体应用

（一）进度管理中BIM技术的应用框架

基于BIM技术的工程施工进度管理以业主对进度管理的要求为目标，以设计单位提供的模型为基础，将工程信息集成于BIM模型成果中，施工单位以此为基础进行工程分解、进度计划编制、实际进度跟踪记录、进度分析及纠偏等工作。基于BIM技术的建筑工程进度管理框架如图5-1所示。❶

---

❶ 宇文华，徐丽.建筑工程施工进度管理中 BIM 技术的应用 [J].房地产导刊，2020（30）：133，143.

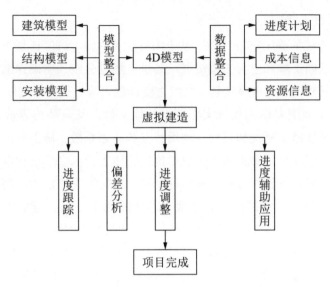

图 5-1 基于 BIM 技术的建筑工程进度管理框架

基于 BIM 技术的建筑工程进度管理在原有进度管理的基础上引入 BIM 技术，将进度数据分析与施工模拟相结合，实现了现场、数据、模型三位一体，并将大量数据分析结果呈现于 4D 模型之中，提高了进度管理效率。另外，其能够提前发现并解决施工中可能出现的问题，从而使工程施工进度管理保持最优状态，确保工程保质、保量、准时完成。

（二）进度管理中 BIM 技术的应用流程

基于 BIM 技术的建筑工程进度管理实施流程如图 5-2 所示，具体步骤如下。

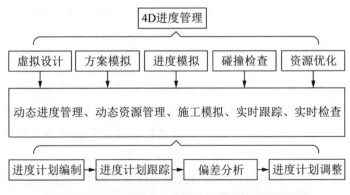

图 5-2 基于 BIM 技术的建筑工程进度管理实施流程

1. 进度计划编制

相比于传统的施工进度计划，基于BIM技术的施工进度计划更加有利于现场管理人员准确了解和掌握工程进展，其进度的划分应该明确详细，主要包括总进度计划纲要、总体进度计划、二级进度计划、每日进度计划四个层次。

总进度计划纲要作为项目实施的纲领性文件，其具体内容应该包括编制说明、工程项目施工概况和目标、现场状况和计划系统、施工界面、里程碑节点等。总体进度计划则是由施工总包单位按照施工合同要求进行编制，合理地将工程项目施工任务进行分解，根据各个参建单位的工作能力，制定合理可行的进度控制目标。二级进度计划主要是具体的施工计划。每日进度计划在二级进度计划的基础上进行编制，体现了各专业每日具体的工作任务，目的是支持工程项目现场施工作业的每日进度控制，并且为BIM施工进度模拟提供详细的数据支持，以便更为精确的施工模拟和预演，真正实现施工过程的每日可控。

进度计划编制完成后，在构建好的4D模型中设定好施工资源分配量和资金投入量，4D模型会自动统计施工资源的消耗与工程量，从而对进度计划进行进一步优化。其作用包括：在进度管理平台中进行施工进度模拟分析，分析进度计划中各项施工工序任务的时间搭配安排的合理性，并结合进度预测模型，综合分析各种影响因素对不同施工任务的影响，完成对施工工作的进度预测；优化施工任务之间的搭接关系，保证施工任务顺畅完成，不会产生施工任务断档的情况，从而造成工期延误；通过施工进度模拟可以让工程进度计划的执行可视化，优化进度中的资源分配，避免资源分配不足或过度分配，而造成进度目标无法实现。总之，利用BIM技术的可视化与快速统计分析功能优化进度计划，可以从施工工序逻辑、资源分配、分部分项工程目标工期等多个角度进行进度目标的控制。

2. 进度计划跟踪

BIM进度信息管理平台可以通过现场的监测资料和现场管理人员上传的工程数据，结合GIS的数据分析，实现对工程进度的实时跟踪。具体来说，主要通过施工进度的形象展示、施工进度数据的收集和成本跟踪视图的创建来实现。

①施工进度的形象展示。在BIM的施工管理平台中通过将收集到的信息直接在可视化平台中进行展示，建设各方人员可直接通过管理平台查看到工程建

设的进度形象，并且可以利用4D模型进行施工进度模拟，来进行可视化的对比，使施工方在宏观上对进度有更加直观的了解。

②成本跟踪视图的创建。利用4D模型的分析与计算功能可自动计算工程量与实际成本，生成表格、甘特图、直方图、扇形图、工程量累计曲线等不同形式的进度跟踪视图，从而在量化指标上完成对工程施工进度的跟踪监测，并且为进度偏差分析提供图表数据分析手段。另外，进度管理平台可实时更新进度目标，在实际的执行过程中，施工管理人员需要进行进度调整，在人工输入新的进度目标后，进度管理体系会自动调整施工活动的持续时间，制订好资源分配方案，指导施工组织安排。

3. 偏差分析

在建筑工程实施阶段，还需要持续跟踪工程进展，对比计划进度与实际进度，发现偏差和问题，通过采取相应的控制措施解决已出现的问题，预防潜在问题以实现进度目标。

基于BIM技术的进度偏差分析主要以时间为主线，通过前锋线、横道图对比、香蕉曲线等方法分析时间偏差，然后综合进度数据偏差分析结果和4D模型来突出显示实际进度与计划进度在时间上的对比情况。还可以通过设置模型的外观颜色，实现实际进度和计划进度在模型上的差异性显示。例如，利用TimeLiner的配置选项对开始外观、结束外观、提前外观、延后外观进行颜色设置，这样软件就会自动根据进度的具体实施情况在模型上区分显示，方便实际进度与计划进度的对比。

当然，复杂项目产生的很多进度偏差情况不只是单一的时间延误，往往都与资源成本相挂钩，因此资源、成本角度的分析也是进度偏差分析中较为重要的一部分。基于BIM技术的偏差分析可以通过统计资源、成本消耗，从进度与资源成本关系图中查找异常点，分析深层次的进度偏差原因，实现更加精细化的进度偏差分析。❶

4. 进度计划调整

通过BIM技术可以对增减工作任务、更改工作时间、调整工作逻辑关系等进度调整方法进行事前模拟，提前判断所做调整是否合理。因为这些操作完全有计算机自动计算，方便快捷，可以进行无数次的更改，直到实现进度调整的目的，而且不会浪费施工现场的资源。这样大大提高了进度调整的工作效

❶ 程盼 . 浅析施工项目进度管理中 BIM 技术应用 [J]. 建材与装饰，2018（26）：158-159.

率，降低了工作成本，杜绝了因为人为计算失误导致进度调整措施自身存在的问题。

同时，应用BIM技术可以对进度进行联动修改。当对进度管理中的进度模型进行调整的时候，与其相关的三维模型的构件的平面视图、立面视图、剖面视图及详图大样也会随之联动调整。如果对三维模型的构件的信息进行修改，所对应的进度模型数据也会随之变化，大大简化了进度调整的步骤及时间。

第二节　质量管理中 BIM 技术的应用

一、质量管理的基本知识

（一）质量管理的概念

建筑工程质量是指符合国家现行的有关法律、法规、技术标准、设计勘察文件及工程合同规定，对工程的安全、耐久及经济美观等特性的综合要求和综合指标。建筑工程质量主要包含了功能和使用价值质量、工程实体质量。建筑工程质量的功能和使用价值体现在适用性、可靠性、耐久性、外观质量、环境协调性等方面，它的标准随着业主的需要而变化。

建筑工程质量由于具有影响因素多、波动大、变异大、隐蔽性以及终检局限性大等特点，管理过程中不可避免地会出现一些问题，又因为工程质量的重要性，它直接影响着整个项目的最终使用功能，影响着人民群众的生命财产安全，所以，工程质量管理要求把质量问题消灭在其形成过程中。建筑工程的质量管理以预防为主，全过程多环节致力于质量的提高，即把工程质量管理的重点，由事后检查把关为主变为预防、改正为主，组织施工要制定科学的施工设计，从管结果变为管因素。

总的来说，建筑工程质量管理是指为实现质量目标而进行的管理活动，建筑工程质量管理是随着时间、地点、外界条件和人等因素的发展而变化的，是动态的管理。同时，建筑工程质量管理不是一个单一的、短期的过程，而是一个长期的、系统的过程。

（二）质量管理的特征

一般而言，建筑工程质量管理主要有以下特征。

①影响因素较多。建筑工程的实施需要依靠多方的力量，一旦某个环节出现问题，会影响整个工程的安全和质量。

②质量检测的局限性较大。质量检测主要体现在工程项目的基础检测、水电检测等方面。这些隐蔽工程在外观上很难发现问题，因此在施工过程中需要严格按照规范进行检测，保证隐蔽工程也能够达到施工标准。

③质量的波动性较大。工程项目的开展并不是以固定的模式进行，施工措施受到环境、温度以及地区等因素的影响。

④影响社会环境。工程项目在施工过程中会产生一定的污染物，包括噪声、固体废弃物、污水等。这些都会影响到周围居民的生存环境和生活，还会对自然环境造成威胁。

（三）质量管理的原则

在建筑工程中，质量管理有以下原则需要遵循。

①质量第一的原则。在工程施工中，需要坚持做好工程质量控制，保证所有项目都能够达到合同文件及国家标准的规定，一旦出现不合格品，需要及时进行调整甚至重建。❶

②以人为本的原则。充分调动人的积极性、创造性，增强人的责任感，提高专业水平，避免人为失误，以人的工作质量带动工序质量，进而提高工程质量。

③以预防为主的原则。在建筑工程施工中，质量事故通常是突发的偶然事故，除了自然灾害等不可抗因素外，其他技术、机械等因素基本可以通过预防得到良好的控制，从而保证建筑工程质量以及安全施工。

④坚持高标准的原则。在建筑工程项目建设中，我们不能仅仅着眼于完成合同中规定标准要求的施工而已，更需要不断提高自身施工水平，尽量提升建筑产品的质量，用高标准的要求规范自身的行为，通过严格的检验确保建筑施工的质量。

⑤贯彻科学、公正、守法的原则。监理工程师应当尊重客观事实，坚持公平、公正地处理相关质量问题，对一些违法违纪行为进行坚决处理，避免不正之风影响整个施工队伍。

---

❶　梁俊红 . 建筑工程质量管理中 BIM 技术的应用分析 [J]. 装饰装修天地，2019（11）：41.

（四）质量管理的影响因素

1. 人的影响

工程项目离不开人员的管理，作为工程的直接参与者，人员对整个项目的施工质量有着不可推卸的责任。提高了人员的把控质量，就意味着提高了整个工程项目的施工质量。通过调动施工人员的积极性，从而高效并保质地完成整个工程项目，确保了工程项目的顺利进行。在人员的把控过程中，要重点培训施工人员的安全意识和质量保证意识，使人人都具备较强的个人安全意识及保证工程质量意识。同时，施工现场的管理工作也尤为重要，这就要求管理人员能够依据工程项目特点，井然有序地对现场施工情况进行有效管理，确保建设项目按照施工管理办法规范运行，保证施工现场的安全及施工质量。

2. 材料的影响

工程建设的质量与建筑材料息息相关。这就要求对采购建筑材料的把控上一定要分外严格。无论从原材料、半成品到成品，还是施工过程中的机械设备，都需要按照相应的规定严格审查，因为只有保证材料的质量，才能够确保整个工程的整体质量。在进行工程建设时，有关材料质量的把控工作大致分为检查采购材料的安全性，检验工程材料的质量，查看工程材料的质量标准。在材料运用到工程项目之前，材料检验人员要严格按照工程材料的质量标准真实无误地对工程原料进行检验，控制好材料的质量，选择质量过硬的材料，把不合格的材料从源头上拒之门外，这样才能保证整个工程项目的质量也是过硬的。

3. 机械设备的影响

机械设备也是保证工程质量的重要组成部分，对工程进度起着很重要的作用，因此对机械设备的管理也至关重要。工程中机械设备分为生产机械和施工机械。机械管理中，要对设备进行好日常的维护保养工作，而且要对机械设备定期检修，确保在施工过程中的安全性，从而确保建筑工程地顺利开展。总之，要将机械设备的维护保养工作落到实处，保证在施工过程当中设备处于最好的工作状态。

4. 施工管理方法的影响

施工管理方法对工程质量也有直接的影响，它是整个工程项目的施工准则，具体管理内容包括施工组织设计管理、施工技术管理、施工工艺管理等。

管理过程中需要依据工程的施工进度，实时准确地进行方法的实施，从而发挥了对施工工程质量监督和保障的积极作用。

5. 环境的影响

工程施工质量受周围环境的影响很大，因此做好环境管理非常重要。工程中的施工环境、施工管理环境和技术环境是影响工程项目施工的主要环境因素。其中，工程中的施工环境主要包括施工作业面环境和不同工种劳动的组合等；施工管理环境包括施工质量管控和施工周围环境管理等；而技术环境主要包括施工工地附近的自然地理环境、气候环境、地形地貌环境等因素。因为上述三种环境因素是随着时间和位置的变化不断变化的，而环境因素对施工项目又有非常大的影响，所以项目施工人员在施工前和施工中要针对所在的环境设计针对性的环境预防措施，加强对环境的有效管理，使项目施工减少对环境的依赖，保证项目施工质量。

（五）质量管理的程序

在项目工程动工前，施工单位必须做好施工准备各项工作，具备开工条件后，施工单位向工程项目监理机构申请开工并报送相关资料。项目专业监理工程师审查开工条件合格后，由项目总监理工程师进行审核同意，并报建设单位批准同意后，由总监理工程师签发开工令，施工单位正式开始项目的施工。

在施工过程中，每完成一道工序后，施工单位应组织人员进行自检，只有上一道工序被检测确认质量达标后，施工单位才可进行下一道工序施工。当隐蔽工程、检验批、分项工程施工完成，在自检合格的基础上，施工单位填写隐蔽工程或检验批或分项工程报审、报验表，并附有相应工序和部位的工程质量检查记录，向项目监理机构申请验收，验收合格后才能进行下一个分项工作的施工。

施工单位完成分部工程施工后，并且该分部工程所有的分项工程检验全部达标，填写分部工程报验表，向项目监理机构申请验收，验收合格后才能进行下一个分部工作的施工。❶

施工单位在完成施工合同中规定的全部工程，并自检合格，整理好工程验收资料后，填报单位工程竣工验收报审表，向项目监理机构申请竣工验收。

---

❶ 杨长岭.建筑施工质量管理中 BIM 技术的应用 [J].建筑工程技术与设计，2019（27）：3086.

二、传统质量管理存在的问题

（一）施工人员专业技能缺乏

在项目施工中，很多一线施工人员的素质不高，主要表现在技能水平不高。施工人员的技能水平、职业道德和责任意识对工程的最终质量有着重要的影响，在目前的建筑市场中，施工人员特别是一线操作人员的专业技能水平普遍较低。虽然他们大多参加技能岗位培训，并取得相关岗位证书和操作技术等级证书，但是技能水平并未真正提高，这就导致了许多工程质量事故的出现。❶

（二）使用材料不规范

对于施工项目所使用的材料，国家、行业、地方都出台了相应标准，一些施工单位自己也制定了相关材料质量标准。但在实际的施工过程中，施工单位对建筑材料的质量管理重视不一，有的施工单位根本就不重视材料质量管理，甚至为了追求附加效益，会故意使用一些不规范的工程材料或者降低材料的质量标准，最终造成工程出现质量问题。

（三）不按设计要求或规范规定进行施工

一些施工单位不按设计要求施工或者是在施工过程中随意地更改设计，这就容易造成施工质量问题。还有施工人员对设计和规范的理解不深不透，不能准确把握设计要求和规范规定，容易造成质量问题。

（四）各专业班组之间相互影响

建筑工程建设是一个复杂的系统性过程，需要不同专业、不同单位、不同班组的相互协调配合，才能很好地完成任务。在工程实践中，由于专业不同或所属单位不同，在实际施工过程中，各专业班组不能相互协调，导致各专业班组间经常发生碰撞、损坏、干扰等现象，严重影响工程质量。例如，机电专业班组和主体机构施工班组的工作顺序不合理，导致机电专业在主体结构部位施工时，随意开挖沟槽，破坏主体结构，影响结构质量安全。

三、BIM 技术应用于质量管理的价值

通过应用BIM技术，可以提高建筑工程质量管理水平，其优势主要体现在

---

❶ 陈利华.建筑工程质量管理中 BIM 技术的应用分析［J］.建筑工程技术与设计，2019（12）：371.

以下几个方面。

（一）提高人员的质量管理水平

相比于传统的管理模式，BIM技术的应用可大大提高管理者和施工人员的工作效率，提高质量管理水平，缩短项目工期。利用BIM技术对项目进行建模，项目管理者可以对项目有一个清晰、直观、全面的了解和认识。利用信息模型，管理人员可以对项目中潜在的风险进行分析，把握质量控制要点，梳理质量控制难点，降低质量管理事故的概率，从而有效规避一些质量管理风险。通过应用BIM技术，施工人员可以通过信息模型演示，快速、形象地了解施工过程中的质量控制要点，结合传统的施工前交底模式，将大大提高施工质量。

（二）提高设备的质量管理水平

应用BIM技术，结合项目环境，可以对施工过程进行模拟，选择最优的施工设备。通过对施工动画分析，可获得施工设备入场时机，减少施工设备停机时间，从而减少施工设备成本。此外，通过对施工动画的分析，可确定施工设备布置方案，进一步优化施工过程中施工设备管理。

（三）提高施工材料的质量管理水平

BIM技术可建立施工材料数据库，其信息可包括材料成分、供应商、质检报告、产品合格证等。通过将项目实体模型与项目进度计划相结合，可获得项目各时间段所使用材料的种类和用量情况。为保持资源用量均衡，节约材料管理成本，可调整原始的施工段划分，使材料的供应更加科学合理。此外，BIM技术应用可实现工程档案的信息化管理，进行查找和管理档案都非常方便快捷，极大地提高了工作效率和质量。通过统一存档和备份处理，使原来烦琐的档案管理工作变得简单，减少占用空间，节约成本，提高了资料管理的安全性。

（四）提高过程的质量管理水平

BIM技术可以迅速构建虚拟现实环境，对各个施工过程进行模拟，优化施工段和施工面的划分。同时可以仔细分析不同工艺的特点，结合项目的特点，选择合理的工艺流程。此外，采用虚拟仿真技术，BIM技术可及时发现施工过程中存在的质量问题，在项目未开始前就做好预防工作，真正做到未雨绸缪，降低出现质量问题的概率，在保证质量的同时缩短工期。

（五）提升整体质量管理效率

传统项目信息通过纸质存储传递，使各参与方信息存储和沟通相对不便，易出现"信息孤岛"现象。另外，装配式建筑构配件的位置、尺寸都非常精确，如果通过二维图纸传递建筑信息，一方面图纸众多，组织查找困难；另一方面二维图纸作为信息载体，不容易直观理解，很可能影响建筑项目质量目标的实现。而通过构建的数字化BIM模型，可以将其中的关键信息用三维模型展示，为构件加工、安装提供准确尺寸，避免因信息误解产生的质量隐患。同时，BIM技术可以协同设计、协同管理，为项目各参与方提供信息传递平台，使质量信息沟通更加便捷，提升质量管理效率。

（六）明确质量责任追溯

BIM技术在装配式建筑施工过程中充分与物联网等技术融合，通过RFID技术或二维码技术，对现场施工作业产品进行追踪、记录和分析，实现自动化、智能化管理，减少人为干预造成的质量问题，增强了质量信息的可追溯性，明确了质量责任。

（七）形成全过程管理模式

BIM技术可以在项目各个阶段使用。在项目设计阶段，建设方、设计方、施工方共同参与项目的前期设计，各方可以在BIM技术平台上进行充分的交流。利用Revit软件判断项目各个专业之间是否存在冲突情况，减少因专业设计冲突导致的质量隐患。在项目施工阶段，将材料、机械设备等质量相关信息导入BIM技术模型中，随时监测施工质量。工程项目验收时，BIM技术可以方便快捷地查询相关信息。在项目运行及维护阶段，可以利用BIM技术模型检查质量问题部位，分析质量问题产生原因，确定质量问题事故责任人，确定最佳解决方案。

四、质量管理中 BIM 技术的具体应用

对于工程来说，工程质量主要是由管理系统过程决定的，如果管理系统过程不稳定，就会直接影响到整个工程施工的合格率问题，并且会影响到工程质量所延伸的人民生命财产安全的问题。所以从工程实践角度来看，在没有应用BIM技术前，需要投入大量人力、物力、财力进行管理。而有了BIM技术，就可以在很多方面节省消耗。质量管理中BIM技术的应用流程如图5-3所示。

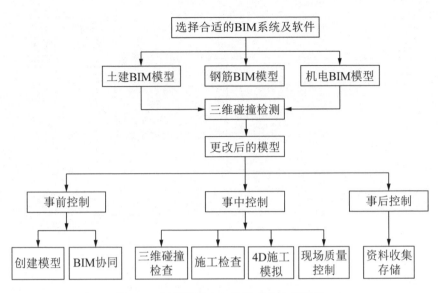

图 5-3　质量管理中 BIM 技术的应用流程

（一）基于 BIM 技术的事前质量控制

基于BIM技术的事前质量控制，是指在施工前准备阶段基于BIM技术的质量控制，主要体现在设计、施工管理水平上。首先，通过应用BIM相关软件建立BIM模型并进行图纸会审，将会审出来的问题反馈给各专业再进行深化设计，以此减少设计错误带来的质量问题。其次，通过BIM碰撞检测软件进行结构、构件、设备之间的碰撞检测，对检查出来的问题进行设计变更，减少因专业间的设计冲突带来的质量问题。再次，通过BIM软件对材料进行管理，列出材料清单，加强材料采购、运输、加工等过程的质量管理。最后，通过对BIM模型的模拟，并结合施工作业条件，对施工组织设计或施工方案进行比选，确定最优的施工组织设计或施工方案，并按确定的施工方案组织施工。❶

以物料的质量控制为例，基于BIM模型的物料数据库从材料的采购、进场、保管到最后的使用，都有相关材料的完整信息流，其质量控制流程如图5-4所示。由此可见，BIM技术的加入，改变了传统的工作方式，避免了一些因隐蔽的人为错误而导致的信息流失，提高对材料的管理效率，从而提高施工质量管理水平。

---

❶　倪冰.建筑工程质量管理中 BIM 技术的应用分析 [J].建筑工程技术与设计，2019（31）：4511.

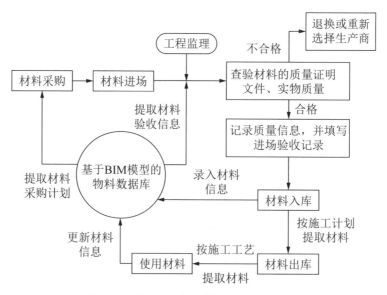

图5-4　基于BIM技术物料质量控制流程

总的来说，事前质量控制是质量管理的基础，是实现质量管理目标的前提和保证，是所消耗的成本最小、综合效益最好的一种方式。建筑工程的事前质量控制应该是主动的，因为可以分析出可能会对工程产生质量影响的各种因素，并提前做好预防措施予以控制。而不是被动的，如果是在施工过程中或者施工结束后发现质量问题，势必会对建筑工程造成损失。所以做好事前质量控制十分重要，在施工前就可以及时发现后期有可能发生的质量问题，并将其消除在萌芽中，或者提出适当的对策。通过这种方式，可以提高施工人员的注意力，以确保施工项目的施工质量。

（二）基于BIM技术的事中质量控制

基于BIM技术的事中质量控制，是指在施工过程中，充分利用BIM技术对工程质量进行控制。例如，通过建立三维实景模型，比较真实地反映出施工现场及周边环境条件，方便进行施工现场布置和道路交通组织；也可以利用BIM相关软件进行施工仿真模拟，让施工人员在施工前首先熟悉和掌握施工内容和施工流程，如图5-5（a）所示，再利用BIM相关软件进行可视化技术交底，让操作人员对施工工艺和施工质量控制要点进行总结掌握，如图5-5（b）所示。这样一来，各专业人员都会严格按照施工标准完成自己的工作，避免在施工中盲目操作、随意施工而无法保证已完施工质量。此外，还可以通过BIM技术协同进行施工进度、施工安全和施工质量的实时监控，查看现场实际情况和设计要求是否存在偏差，以便及时进行整改。

（a）施工仿真模拟

（b）可视化技术交底

图 5-5　基于 BIM 技术的事中质量控制

（三）基于 BIM 技术的事后质量控制

基于BIM技术的事后质量控制是在施工过程中完善质量控制的重要组成部分。这种事后质量控制实际上是对工作中的不足进行"事后"弥补，并对过程进行必要的总结。

利用BIM技术组织检查验收，对于不符合标准的项目要进行整改。一是可以通过三维激光扫描技术对施工的建筑外观进行数据采集，并与BIM模型中外观质量要求进行对比分析，检查是否存在偏差，督促整改。二是通过对现场质量验收数据与BIM系统中质量要求进行比对检查，所以它需要预先制定好质量标准输入BIM模型系统中，并对已完成的工作内容输入系统与质量标准进行对比，从中找出其不足和问题所在，最后提出补救措施，并对问题进行有效的总结。所以从这个角度来看，它也是岗位控制的内容，很好地弥补了当前项目在质量控制中的一些可能会遗漏的问题，并且为未来项目的质量管理积累了信息和经验，起着重要的作用。❶

第三节 安全管理中 BIM 技术的应用

一、安全管理的基本知识

（一）建筑工程事故类型及成因

1. 建筑工程事故类型

根据《住房和城乡建设部办公厅关于2019年房屋市政工程生产安全事故情况的通报》可知，2019年我国建筑工程事故数据为：全国房屋市政工程生产安全事故按照类型划分，高处坠落事故415起，占总数的53.69%；物体打击事故123起，占总数的15.91%；土方、基坑坍塌事故69起，占总数的8.93%；起重机械伤害事故42起，占总数的5.43%；施工机具伤害事故23起，占总数的2.98%；触电事故20起，占总数的2.59%；其他类型事故81起，占总数的10.47%。2019年我国建筑工程事故类型情况如图5-6所示。

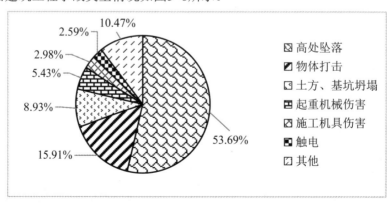

图 5-6　2019 年我国建筑工程事故类型情况

---

❶ 徐歆. 探究建筑工程质量管理中 BIM 技术的应用 [J]. 建筑工程技术与设计，2020（18）：405.

由图5-6可知，建筑工程事故类型大致可以分为七种类型，其概念分别如下。

（1）高处坠落事故

高处作业指专门或经常在坠落高度基准面2 m及以上，且有可能发生高处坠落的施工作业。高处坠落事故是在高处作业过程中受到危险势能差而造成的人身伤害。

①高处坠落事故的特征。一是导致事故出现的因素多；二是发生事故的次数多，已经成为施工项目中造成伤害的主要因素；三是施工发生区域多；四是造成的损害大，导致施工死亡率较高；五是出现事故的人员集中在青壮年，年龄为23～45岁。

②高处坠落事故的类型。第一种为四口作业坠落，包括电梯口、预留口、通道口及楼梯口等；第二种为五临边，指的是楼梯侧边、楼层周边、平台或者阳台边、坑或者屋面周边和沟、槽及深基础周边；第三种为悬空作业坠落；第四种为操作台在高处作业发生坠落，操作台指的是吊篮、脚手架及施工电梯等；第五种为攀登作业坠落；第六种为其他高处作业坠落。

（2）物体打击事故

物体打击事故是指受到失控物体的惯性力造成的人身伤亡事故。建筑施工期间高处坠落工具、砖石块、零部件及材料等均会损害人体健康。物体打击事故是施工安全事故中导致人员伤亡的主要因素。

①物体打击事故的特征。一是物体打击事故是建筑施工中死亡率最高的事故；二是物体打击事故表现出突发性特点，往往被打击者难以迅速反应；三是导致事故发生的因素复杂，诱发物体打击事故的因素可能为一个，也可能为多个。

②物体打击事故的类型。一是设备故障运转对施工人员造成的伤害；二是由高处坠落零件、工具及建筑材料等造成的事故；三是人为因素导致的事故，如乱丢杂物与废弃物等；四是对施工模板拆装时，发生模板掉落而伤害作业人员；五是压力容器发生爆炸，其碎片伤害作业者。

（3）坍塌事故

坍塌事故是指物体在重力或者外力作用下，超过自身强度极限的破坏成因，结构稳定失衡塌落而造成物体高处坠落、物体打击、挤压伤害及窒息的事故。

①坍塌事故的特征。坍塌具有较强的不可预见性与突发性；实施救援时难度高；救援不当会导致二次灾害；施工人员逃生难度大；在社会上产生的负面影响严重。

②坍塌事故的类型。坍塌事故分为脚手架坍塌、深基坑边坡坍塌、沟槽边坡坍塌、拆除工程坍塌、建筑物或者墙体坍塌及模板坍塌等类型。❶

（4）起重机械伤害事故

起重机械伤害事故是指起重作业过程中因夹挤、重物坠落、起重机倾覆及物体打击而造成的事故。

①起重机械伤害事故的特征。一是通常事故规模大、范围广，会出现设备大量损坏、人员群伤或者多个人员死亡等；二是操作起重设备人员受到伤害的可能性大，而事故高发人员为文化素质与操作能力较低的作业者；三是常在安装、维修及操作起重作业过程中出现。

②起重机械伤害事故的类型。施工期间起重伤害事故类型包括坠落事故、触电事故、挤伤事故、机毁事故、其他事故等。

（5）施工机具伤害事故

施工机具伤害是指由施工机具生成的巨大能量作用在人体上，而对其造成碰撞、剪切、绞入、卷入、刺、割及碾等危害。

①施工机具伤害事故的特性。在施工作业中，作业者及施工设备流动性强，施工项目采光条件、自然环境等存在差别，且交叉作业、工程量大的施工现场应用的机械设备数量更多，从而出现伤害事故概率高。

②施工机具伤害事故的类型。施工中常见的施工机具伤害事故类型为冲击或者碰撞伤害，挤压伤害，剪切伤害，绞缠、卷绕与卷入伤害，刺扎与切割伤害，被甩出物打击伤害及切断伤害。

（6）触电事故

触电事故指的是电流的能量直接或者间接作用于人体所造成的伤亡事故。

①触电事故的特征。一是夏季是触电事故高发季节，我国雨水较多的季节为夏季与秋季，在露天环境下作业时，环境潮湿、人体出汗及缺少足够的绝缘防护等问题导致触电率攀升；二是施工现场存在多种低压工频电源的触电，因为应用的低压设备较多，且该设备作业人员使用次数多；三是该

---

❶ 于志.基于 BIM 的建筑工程施工安全管理 [J].建筑工程技术与设计，2020（12）：2670.

事故的高发人群为年轻作业人员，该类人员在施工时缺少经验，做事马虎，未遵守安全技术原则，同时缺少足够的安全用电常识，并未按照规定操作造成。

②触电事故的类型。触电事故的类型主要有双相触电、单相触电、雷击伤害及跨步电压触电。

（7）其他类型事故

项目施工期间经常出现以上安全事故的同时，还会发生火灾、车辆事故及中毒等安全事故。

2. 建筑工程事故的成因

（1）高处坠落事故的成因分析

①人的不安全行为。该类事故中人的不安全行为主要有作业者违章操作、管理者指挥失误、作业者违反劳动纪律等。以下为该类事故表现：首先是作业者施工期前未接受培训，缺少一定职业素养与职业技能；其次是作业者缺乏安全意识，不重视施工安全，施工期间违规作业；最后是作业者在心理与生理方面缺乏健康的引导，由于个人心理因素而产生的安全问题。

②物的不安全状态。施工单位在安全生产上投入的设备与资金较少，或者管理者不注重安全生产。其表现为下面几点：未采取满足施工要求的安全措施，防护措施不到位，如吊篮、脚手架、施工电梯等，购买的安全防护设施材料强度、刚度及质量等未达到要求；购买的劳动防护用品不足或者质量达不到要求，主要的防护用品有安全帽、安全带、安全绳及防滑鞋等。

③施工管理不到位。施工单位不重视施工现场安全管理，或者施工单位制定的安全施工制度无法满足施工要求。表现为下列几点：首先，高处作业时技术措施不具备可操作性，无法对工作进行指导；其次，缺少一定的安全检查，只是表面应付；最后，施工单位安全管理人员不足，无法加强管理。

④环境因素。气候与环境因素，高温、大风、雷电、高寒及雨雪天气会增加施工危险性，雨季、冬季及潮湿的空气环境下施工也会发生高处坠落事故。

这里以电梯坠落事故为例，具体分析高处坠落事故的成因，如图5-7所示。

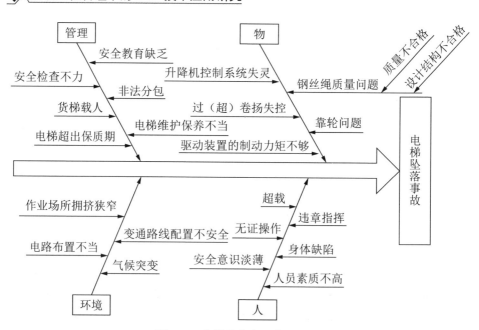

图 5-7　电梯坠落事故成因分析

（2）物体打击事故的成因分析

①人的不安全行为。第一，作业人员在施工期间随意乱扔工具或废弃物；第二，作业人员进入场地后未佩戴安全帽；第三，起重设备在吊运物料时无相关人员指挥，或者未按照规定进行起吊；第四，作业人员未在安全通道范围内活动。

②物的不安全状态。第一，施工现场物料摆放不整齐，不遵守物料放置规定；第二，拆除工程时未在周围区域设置警示，未搭建防护棚与护栏等防护设施；第三，密目网、水平网达不到构造要求，强度或者严密程度较低，无法起到阻拦坠落物体的作用；第四，未定期检查与维护压力容器；第五，未定期保养机械设备，出现故障后继续运行，如钢丝绳断裂、吊钩故障等；第六，在施工周围洞口未安装防护设施，也未搭建安全通道。

③缺少专业化管理。首先是施工单位未制订施工方案，或者是未按施工方案施工；其次是缺乏安全意识，现场管理不严格，安全检查不仔细，安全管理制度形式化严重；最后是施工单位安全管理措施达不到要求，缺少专业的管理人员。

④环境因素。施工现场空间狭小、气候环境不适宜、存在夜间施工现象等，这些因素都会诱发物体打击事故。

物体打击事故成因分析如图5-8所示。

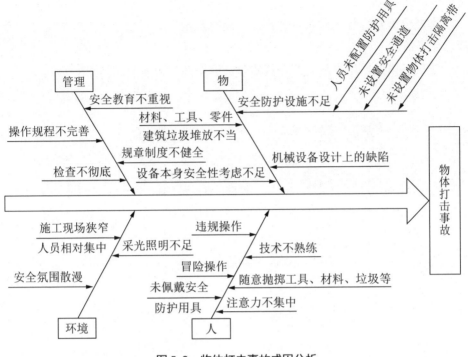

图 5-8　物体打击事故成因分析

（3）坍塌事故的成因分析

①人的不安全行为。第一，施工管理者指挥错误或者违章指挥；第二，作业者未按照劳动规定或者要求施工；第三，劳动组织缺乏合理性；第四，安全检查存在指导性错误或者漏洞；第五，作业者身体或者心理不健康；第六，施工团队素质较低，上岗前未进行培训或者无上岗资质，施工不熟练或者存在冒险行为。

②物的不安全状态。第一，未使用科学的比例对钢筋配筋，工程结构计算不准确；第二，材料、配件的刚度与强度达不到要求；第三，未按照要求堆放材料造成局部放置量过高；第四，未搭建支护基坑设备；第五，未定期养护设备，混凝土强度小；第六，现场作业环境恶劣，缺乏高质量的安全防护措施。

③管理不具备专业性。第一，项目在开工前未进行专项施工方案制订与施工组织设计，未完全进行安全技术交底；第二，缺少安全意识，现场管理不严

格，制定的安全管理制度形式化严重；第三，施工单位安全管理人员少，管理不到位。

④环境因素。环境因素，如高温、高寒及雨雪天气会增加施工危险性，造成坍塌事故。

这里以模板坍塌事故为例，具体分析坍塌事故的成因，如图5-9所示。

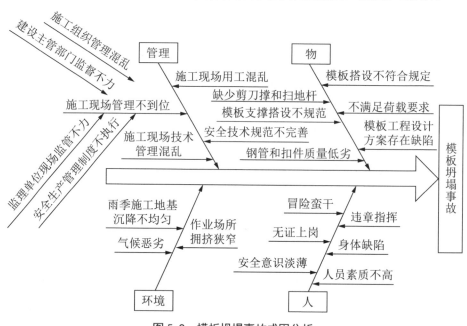

图 5-9　模板坍塌事故成因分析

（4）起重机械伤害事故的成因分析

①人的不安全行为。第一，施工时作业人员操作失误，导致吊起重物后发生脱钩或者摆动伤人事件；第二，未遵循规章制度作业，如超载；第三，指挥失误或者错误；第四，未根据规定选择对应工种，如信号工等；第五，作业者技术能力不足或者缺少职业素养；第六，各工种在共同作业时缺少配合等。

②物的不安全状态。第一，安全防护设备与设施较少；第二，起重吊具、机械及辅助设施等不足；第三，采购的劳动防护用品不达标；第四，施工现场不整洁；第五，起重设备在作业时安全装置失灵或者操作系统无法正常操作等。

③管理不足。第一，未按照要求进行生产管理与组织劳动；第二，岗前培训、安全教育等不足；第三，未制定健全的规章制度。

④环境的因素。第一，施工区采光缺乏合理性，架设的人工照明设施较少；第二，噪声、夏季炎热、冬季雾霾及粉尘等严重影响作业人员；第三，施工区域较小。

起重机械伤害事故成因分析如图5-10所示。

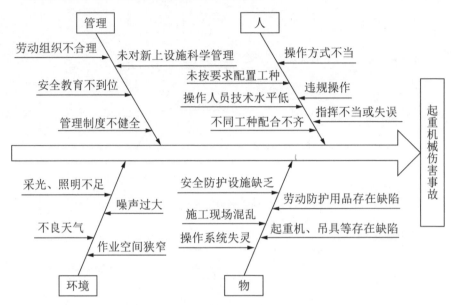

图 5-10 起重机械伤害事故成因分析

（5）施工机具伤害事故的成因分析

①人的不安全行为。第一，作业者未按要求佩戴防护用品；第二，操作错误使设备无法正常运行；第三，发生突发事件后，由于时间较短难以在短时间内迅速处理；第四，作业者缺少安全意识，未按照规定作业或者指挥失误；第五，作业者未深刻认识到机具操作的危险性，从而导致的操作失误；第六，作业者操作时不专业，缺少操作经验或者采用错误的操作方式。

②物的不安全状态。第一，机械设备性能与设计自身问题；第二，未定期维修与保养机械设备，造成带故障作业；第三，各机械设备间未预留足够的安全距离，施工者作业空间小；第四，现场管理存在问题，机械设备、施工材料等未放置在规定区域。

③管理不足。第一，未建立健全的安全机构，缺少管理人员；第二，未向施工人员进行职业教育、安全教育培训；第三，未制定完善的操作规程与安全制度；第四，安全检查形式化严重，无法及时发现施工问题并限期整改。

④环境因素。第一，施工以户外作业为主，机械设备在外界环境风吹日晒，由于粉尘、阳光等导致机械性能下降；第二，作业环境光线不足、空间较小，成为诱导安全事故的主要因素。

施工机具伤害事故成因分析如图5-11所示。

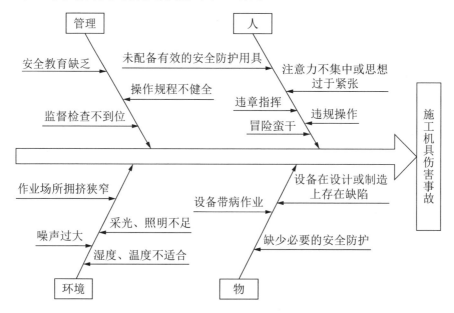

图 5-11　施工机具伤害事故成因分析

（6）触电事故的成因分析

①人的不安全行为。第一，带电作业、未按照规定作业；第二，作业者缺少用电基本常识；第三，作业时未佩戴劳动防护措施，主要有安全帽、绝缘鞋及绝缘手套等；第四，挖掘机施工过程中将地下埋设的电缆损坏，移动机具将电缆、电线等电力线拉断。

②物的不安全状态。第一，未妥善保养电力设施与机械设备，发生漏电问题；第二，施工人员佩戴的防护用具性能与质量未达到标准，如绝缘鞋、绝缘手套等；第三，使用的电气设备质量差；第四，电缆、电线等存在断头、破口及绝缘性差等问题。

③管理不足。第一，施工单位编写施工组织设计期间，未重视临时用电安全管理；第二，作业者缺少安全用电知识；第三，施工期间机械损坏电线或者电缆等。

④环境因素。雷电天气、潮湿环境、未科学放置电气等均会引发该安全

事故。

触电事故成因分析如图5-12所示。

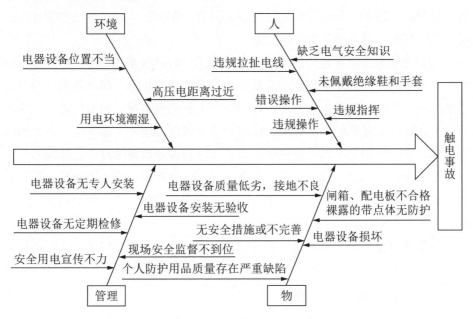

图 5-12　触电事故成因分析

（二）安全管理的概念

安全管理是指在施工过程中组织安全生产的全部管理活动。安全管理以国家法律、法规和技术标准等为依据，采取各种手段，通过对生产要素进行过程控制，使生产要素的不安全行为和不安全状态得以减少或消除，达到减少一般事故、杜绝伤亡事故的目的，从而保证安全管理目标的实现。

（三）安全管理的手段

安全法规、安全技术、经济手段、安全检查与安全评价、安全教育文化手段是安全管理的五大主要手段。

①安全法规，也称劳动保护法规，是保护职业安全生产的政策、规程、条例、规范和制度。其对改善劳动条件、确保施工人员身体健康和生命安全，维护财产安全，起着法律保护的作用。

②安全技术是指在施工过程中为防止和消除伤亡事故或减轻繁重劳动所采取的措施，主要包括预防伤亡事故的工程技术措施。其作用是使安全生产从技术上得到落实。

③经济手段是指各类责任主体通过各类保险为自己编制一个安全网，维护自身利益，同时，运用经济杠杆使信誉好、建筑产品质量高的企业获得较高的经济效益，对违章行为进行惩罚。经济手段有工伤保险、建筑意外伤害保险、经济惩罚制度、提取安全费用制度等。

④安全检查是指在施工生产过程中，为了及时发现事故隐患，排除施工中的不安全因素，纠正违章作业，监督安全技术措施的执行，堵塞漏洞，而对安全生产中容易发生事故的主要环节、部位、工艺完成情况，由专门的安全生产管理机构进行全过程的动态检查，以改善劳动条件，防止工伤事故、设备事故的发生。安全评价是采用系统科学的方法，辨别和分析系统存在的危险，并根据其形成事故的风险，采取相应的安全措施。安全评价的基本内容和一般过程是：辨别危险性、评价风险、采取措施、达到安全指标。安全评价的形式有定性安全评价和定量安全评价。

⑤安全教育文化手段是通过行业与企业文化，以宣传教育的方式提高行业人员、企业人员对安全的认识，增强其安全意识。

（四）安全管理的内容

安全管理包括以下内容。

①施工现场的安全由施工单位负责。实行施工总承包的工程项目，由总承包单位负责，分包单位向总承包单位负责，服从总承包单位对施工现场的安全管理。总承包单位和分包单位应当在施工合同中明确安全管理范围，承担各自相应的安全管理责任。总承包单位对分包单位造成的安全事故承担连带责任。建设单位分段发包或者指定的专业分包工程，分包单位不服从总包单位安全管理的，发生事故时由分包单位承担主要责任。

②施工单位应当建立工程项目安全保障体系。项目经理是该工程安全生产的第一负责人，对该工程的安全生产全面负责。工程项目应当建立以第一责任人为核心的分级负责的安全生产责任制。从事特种作业的人员应当负责本工种的安全生产。项目施工前，施工单位应当进行安全技术交底，被交底人员应当在书面交底上签字，并在施工中接受安全管理人员的监督检查。

③施工现场实行封闭管理，施工安全防护措施应当符合建设工程安全标准。施工单位应当根据不同施工阶段和周围环境及天气条件的变化，采取相应的安全防护措施。施工单位应当在施工现场的显著或危险部位设置符合现行国家标准的安全警示标牌。

④施工单位应当对施工中可能遭受损害的毗邻建筑物、构筑物和特殊设施等做好专项防护。

⑤施工现场暂时停工的，责任方应当做好现场安全防护，并承担所需的费用。

⑥施工单位应当根据《中华人民共和国消防法》的规定，建立健全消防管理制度，在施工现场设置有效的消防措施。在火灾易发生部位作业或者储存、使用易燃易爆物品时，应当采取特殊的消防措施。

⑦施工单位应当在施工现场采取措施防止或者减少各种粉尘、废气、废水、固体废物及噪声振动对人和环境的污染和危害。

⑧施工单位应当将施工现场的工作区与生活区分开设置。施工现场临时搭设的建筑物应当经过设计计算，装配式的活动房屋应当具有产品合格证，项目经理对上述建筑物和活动房屋的安全使用负责。施工现场应当设置必要的医疗和急救设备。作业人员的膳食、饮水等供应必须符合卫生标准。

⑨作业人员应当遵守建设工程安全标准、操作规程和规章制度，进入施工现场必须正确使用合格的安全防护用具及机械设备等产品。

⑩作业人员有权对危害人身安全、健康的作业条件、作业程序和作业方式提出批评、检举和控告，有权拒绝违章指挥。在发生危及人身安全事故的紧急情况下，作业人员有权立即停止作业并撤离危险区域。管理人员不得违章指挥。

⑪施工单位应当建立安全防护用具及机械设备的采购、使用、定期检查、维修和保养责任制度。

⑫施工单位必须采购具有生产许可证、产品合格证的安全防护用具及机械设备，该用具和设备进场使用之前必须经过检查，检查不合格的，不得投入使用。施工现场的安全防护用具及机械设备必须由专人管理，按照标准规范定期进行检查、维修和保养，并建立相应的资料档案。

⑬进入施工现场的垂直运输和吊装、提升机械设备应当经检测检验机构检测检验合格后方可投入使用，检测检验机构对检测检验结果承担相应的责任。

二、传统安全管理存在的问题

通过对近年来我国发生的安全事故进行分析可以发现，传统安全管理存在以下问题。

（一）相关部门的监管力度不够

建筑工程安全管理的特征是渐进性、法规性、复杂性、流动性。建筑工程安全管理的直接监管部门是监理部门，间接监管部门是相关的政府部门。对工程安全管理制定的法律法规总量并不少，但法律法规的贯彻执行效果较差，而且法律法规不够完善，同时法规对于安全职责的划分不够明确，出现问题或者发生事故后，各部门都不想承担责任，容易出现"踢皮球"现象。另外，权责不对等，相比相关标准规定，监理单位受到的约束很大程度来自建设单位，导致其在施工现场进行监理作业时发挥的作用较小。监管力度太小，监管体系不健全，安全文明施工资金不足，导致施工单位在现场施工中难以按照法律法规和企业制度来进行安全管理。而作为盈利机构，在缺乏有效监管情况下，施工单位会一味追求效益，降低成本，缩短工期，蛮干、强干使交付的项目存在质量隐患和安全问题，最终影响工程项目的使用性能和寿命周期。❶

（二）建筑企业的安全意识较为薄弱

我国很多施工单位的管理人员安全管理意识比较薄弱，工程项目部的安全机构和安全制度存在严重的形式主义，如安全人员不够专业，也并不是专职、全职安全员，只是在应付检查时才设立安全管理机构，安全管理制度也不够完善规范。出现上述种种问题的主要原因就是施工单位不够重视建筑工程安全管理，认为安全管理对于工程建设和企业发展无足轻重。结果导致实际的施工过程中，管理人员只完成书面形式的所谓安全制度，不能把安全措施落到实处，不能明确安全责任机制，最终造成在施工过程中存在质量问题和安全隐患，项目建成后质量和安全问题只会加剧，引发安全事故。

（三）建筑工程技术难度大

随着科技不断进步，人民生活水平逐渐提高，对建筑的要求也越来越高，这就对建筑工程的安全管理提出了更高的要求，导致建筑工程技术难度增大。在目前的建筑工程安全管理中还存在着以下技术难题：重大危险源的识别、控制力度不够；安全事故的预防不能达到要求；安全设施不按规定配置、穿戴，导致发生安全事故，且事故发生后，应急预案可行性低、效果差，救助不及时；工程项目施工中参与者众多，沟通管理不能协调一致，对建筑工程理解存在偏差，容易造成安全事故。

---

❶ 臧海月.基于 BIM 的建筑工程施工安全管理 [J].装饰装修天地，2020（1）：98.

（四）高危分部工程施工指导难到位

在建筑工程施工过程中，高危作业不可避免，故施工技术交底、高危分部工程施工指导显得尤为重要。比如大型机械的安装和使用、高大模板支模加固、危险性较大的基坑边坡开挖施工等，一旦出现管理者技术交底不到位或施工技术人员没有严格按专项方案要求进行施工，就极有可能诱发非常严重的后果。而施工技术指导现状却是专业技术人员通过书面语言的形式将高危作业要点及技术要求对施工人员进行交底，施工管理人员和一线施工技术人员多数依靠专项施工方案文件进行高危分部工程的施工作业。这种安全管理方式过于依赖施工管理人员的管理水平和施工技术人员的执行能力。

建筑工程施工过程中产生的安全隐患种类复杂、数量繁多，安全隐患排查极易遗漏。建筑工程施工时间长、工序复杂、体积庞大，安全管理人员在指导施工人员处理安全隐患排查过程中，需要实时地根据工程进度及天气环境等因素对整个工程存在的安全隐患进行跟进处理。但由于施工管理人员或一线施工人员任务繁重、工程施工工期紧迫、管理人员与施工人员的重视度不足等多种原因，施工安全隐患跟进处理遗漏现象时常发生，进而诱发种种建筑工程安全事故。

（五）安全教育的培训力度不足

随着市场的不断完善，施工单位越来越多，竞争越来越激烈，为了能够中标，很多施工单位在工程招投标中会通过将安全管理费用压低来降低工程成本。还有部分施工单位过于追求进度而忽略安全问题，导致施工现场的安全防护措施比较落后甚至缺乏，从而造成施工现场中安全隐患比较多，不利于工程项目施工。另外，大量的农村剩余劳动力涌入城市中从事建筑行业，这部分施工人员安全意识不高，施工单位为追求经济效益，不对进场施工人员进行安全教育培训，导致施工人员安全意识淡薄，不能识别危险源，不能应对突发状况，加剧了安全事故的发生。

三、BIM 技术应用于安全管理的价值

BIM技术能够整合施工各个阶段不同参与方提供的信息，加强工程施工各方的沟通协调，优化施工方案，进行施工模拟，排除冲突碰撞，识别危险源，对项目安全风险进行评估，并且建立BIM信息协同共享平台，实现在项目的不同阶段、不同参与方之间信息集成共享，保证沟通快捷方便，提高工程管理

效率。

传统工程施工阶段安全管理存在的问题主要就是对安全管理监管力度不够，施工单位安全意识薄弱，工程技术难度大，施工人员安全培训效果差。而BIM技术利用其协同管理、虚拟施工、冲突碰撞检测、工程模拟、可视化的特点，针对建筑工程安全管理存在的问题具有其独特的优势。

（一）通过协同管理，加强相关部门的监管力度

由于工程建设周期长，施工过程中会有很多单位不断加入和离开，这就需要不断地进行信息整合，传统安全管理协调通常是在安全事故发生后进行总结和预防，而BIM技术通过对工程项目各种信息资源进行数据整合，能够合理有效地分配有限资源，明确总包商和分包商之间的安全职责，还能够协调各个施工单位之间的关系，在施工之前对项目各参与方的信息进行协调，形成项目信息枢纽，被授权人员可随时随地获取最新最准确的信息，使施工效率达到最高，确保施工质量。

BIM技术的信息集成化管理方式，改变了不便的点对点沟通方式，实现了一对多的项目数据中心功能，通过为项目参与方提供了一个信息交流和共享的平台，减少了因信息传递过程误解而带来的协调不畅，提升了协同效率。将BIM技术与相应的监测设备结合，利用激光扫描、移动通信、GPS、互联网等技术，可实时采集施工现场数据。然后通过对数据进行分析整合，有效指导施工班组施工，加强了对安全管理的把控，确保了工程建设的顺利进行，防止了施工现场安全事故的发生。BIM技术中的信息是动态生成的，协同管理下的数据库信息可以被授权的不同参与方共享。❶

（二）通过可视化技术交底、碰撞检查，提高施工单位的安全意识

现在的很多工程项目施工设计复杂、管理难度大，在传统施工管理模式下不易对危险源进行识别，利用BIM技术软件建立的建筑、结构、管道、机电等模型可以第一时间发现问题、解决问题，进行更为方便的事前处理。项目参与方可以使用碰撞检查系统中的碰撞检测和施工模拟软件对管线和机械进行运行状态模拟，生成碰撞检测报告，根据碰撞检测报告，优化设计，在实际工程施工之前解决冲突碰撞问题，避免安全事故发生。还可以进行施工过程模拟、可视化技术交底和三维动态剖切，对施工过程进行动态可视化预演，发现施工设

---

❶ 袁野 . 论 BIM 的建筑工程施工安全管理 [J]. 建筑工程技术与设计，2020（5）：1011.

计方案中潜在的影响项目目标实现的问题，对施工方案进行优化或制定针对性措施来辅助施工班组作业，保证工程施工顺利进行。

（三）通过仿真模拟、工程量计算，降低施工难度

不论是夜间施工、冬雨季施工，还是高空施工、专业交叉范围比较大的工程施工，BIM技术可以模拟施工现场环境、作业标准难制定的操作、施工难度大要求高的施工工序，进而借助专用设备让施工人员在虚拟环境中熟悉操作流程和重难点，做好安全交底。

（四）通过三维渲染，增强施工人员安全教育和培训的效果

在工程项目实际施工前，BIM技术可利用虚拟施工技术模拟现场施工环境进行可视化交底。通过BIM模型生成的3D施工图能够准确直观地反应施工过程中的各个施工细节和流程，还可以以BIM技术数据信息库为依托，协调各部门诉求，优化施工流程，选择出合理的施工设计方案，指导现场施工，在保障施工质量，提高施工效率的同时，增加工程项目的经济效益。

对于施工过程中的复杂区域，利用BIM建模技术生成三维的立体实物模型，可得到更好的视觉效果，达到同一构件不同视图之间互动性和反馈性的可视化。BIM技术还可以为施工人员提供虚拟漫游环境，根据模拟的施工环境合理规划实际施工场地，避免出现施工场地布置的时间或空间冲突。同时模型可实时动态跟踪、了解项目施工进度，为制订科学的施工方案提供数据支持和现实依据，对整个工程项目施工过程进行可视化的管理。对工程项目中的复杂构件，BIM技术可以进行快速精确的计算，并能够实现复杂构件的可视化，帮助施工人员以此为基础制订详细可靠安全的施工方案指导施工，不仅解决了复杂问题，而且极大地提高了问题解决效率。

综上所述，BIM技术为工程施工人员和安全管理人员提供数据支持和优化设计方案提供可能：协同管理加强了项目所有参与方对施工管理计划的沟通，使施工管理人员基于全面准确的信息做出最有利项目目标实现的决策；虚拟施工和碰撞检测可以提前识别施工过程中存在的潜在安全风险，减少安全隐患，提高生产效率。

四、安全管理中 BIM 技术的具体应用

在介绍BIM技术在建筑工程安全管理中的应用时，为便于读者理解，这里选取了基于BIM技术的施工场地布置进行具体讲解。

基于BIM技术，可以合理规划施工场地，避免在施工期间机械冲撞施工者对其人身安全造成伤害，或者由于机械位置、材料位置等放置错误而造成基坑边坡荷载过高而造成安全事故。基于BIM技术，通过对实际工程进度与施工现场进行模拟，可以对施工场地进行合理规划，更严密地布置施工不同时期车辆行驶路线、机械设备放置位置、现场操作人员行为空间等，可以减少作业期间出现的物体打击、塌方及起重损伤等安全事故。

（一）施工场地布置 BIM 建模的关键点

1. 布置临时设施的关键点

布置施工现场临时设施时，选取几个功能相似的临时设施，并使各设备间具有一定的距离。该方式可以避免不同设备间发生干扰，以合理的距离布置生活类、操作类及办公类的临时设施。因此，在布置临时设施前要从现场条件与功能出发，根据不同区域性能再布置临时设施。

2. 布置现场材料输送道路的关键点

设计现场施工方案前，先在施工现场确定垂直运输、加工场等机械位置的放置区域，再规划准确的运输道路。BIM模型结合场地布置基本情况后，再对加工场、放置材料位置、垂直运输机械等位置进行确定，按照当前道路状况与永久性道路重新调整临时设施，保证以科学的方式规划施工现场运输道路，确保堆放材料区域、存储材料库等道路畅通，有利于构件与材料的运输。

3. 基于 BIM 技术的施工现场安全模型

该模型主要由四部分构成，第一部分为建筑工地地面、高压线分布情况、地形、附近建筑物、附近管道、附近建筑与街道施工等；第二部分为施工现场搭设的临时建筑、设备及设施等，其中有机械布置、临时水电布置及项目部板房等；第三部分为临时安排施工现场，其组成部分为材料堆放区域（包括半成品、原材料等）、出入口位置、施工道路及加工材料场所等；第四部分为标识风险较大区域，如以多种颜色标识各种风险等级，便于识别。

（二）基于 BIM 技术的施工现场布置程序

根据施工现场具体规模，规划与设置临时建筑、车辆进出路线、塔机、加工厂区及存放建筑材料区域等。结束后采用Navisworks软件设置施工现场，并生成相应的分析报告，及时处理施工现场各设施规划不合理区域，修改结束后再模拟，直到所有场所规划达到施工要求后停止。基于BIM技术的施工现场布置程序如图5-13所示。

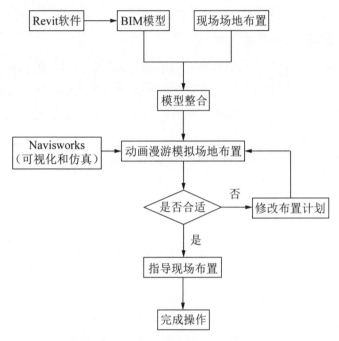

图 5-13　基于 BIM 技术的施工现场布置程序

第四节　成本管理中 BIM 技术的应用

一、成本管理的基本知识

（一）成本管理的概念

建筑工程成本管理是指在项目成本形成过程中，按照合同中的条件和事先制订的成本计划，对项目所产生的各项费用和支出，按照一定的原则进行指导、监督、调节和限制，对即将发生和已经发生的偏差进行分析研究，并及时采取有效措施进行纠正，以保证实现制定的成本目标。

项目成本管理的目的是实现"项目管理目标责任书"中的责任目标。项目经理部通过优化施工方案和管理措施，确保在计划成本范围内完成质量符合规定标准的施工任务，以保证预期利润目标的实现。简单地说，成本管理就是降低项目成本，提高经济效益。

（二）建筑工程成本的构成

成本是企业在生产产品和管理过程中所支出的各种费用的总和。建筑工程成本是指建筑工程在实施过程中所发生的全部生产费用的总和，即转移到产品的生产资料的价值与转移产品中的活劳动的价值之和，它们是产品价值的主要组成部分。

成本是反映企业全部工作质量好坏的综合性指标。企业劳动生产率的高低、各种材料消耗的多少、建筑机械设备的利用率程度、施工技术水平和组织状况、施工进度的快慢、质量的优劣、企业管理水平的高低、企业活力的大小都会直接影响产品的成本，并由成本指标反映出来。因此，施工单位应当正确地处理成本与工期、质量与企业活力的关系，努力提高经营管理水平，合理降低成本。

建筑工程成本由直接成本和间接成本组成。其中，直接成本是指施工过程中耗费的构成实体或有助于工程实体形成的各项费用支出，是可以直接计入工程对象的费用，包括人工费、材料费、施工机械使用费和措施费，如安全文明施工费、夜间施工费、二次搬运费、大型机械设备进出场及安拆费等。❶间接成本是指企业的各项目经理部为施工准备、组织和管理施工生产所发生的全部施工间接费支出，如现场管理人员的人工费、工程保修费以及其他费用等。

（三）成本管理的任务

建筑工程成本管理是要在保证工期和满足质量要求的情况下，采取相关管理措施把成本控制在计划范围内，并进一步寻求最大限度地节约成本。建筑工程成本管理的任务和环节主要包括建筑工程成本预测、建筑工程成本计划、建筑工程成本控制、建筑工程成本核算、建筑工程成本分析、建筑工程成本考核。

1.建筑工程成本预测

建筑工程成本预测是通过成本信息和工程项目的具体情况，运用一定的专

---

❶ 季方.建筑工程成本管理中 BIM 技术的运用 [J].建筑工程技术与设计，2020（15）：2403.

门方法，对未来的成本水平及其可能的发展趋势做出科学的估计。其是企业在工程项目实施以前对成本所进行的核算。

2. 建筑工程成本计划

建筑工程成本计划是项目经理部对项目成本进行计划管理的工具。它是以货币形式编制建筑工程在计划期内的生产费用、成本水平、成本降低率及为降低成本所采取的主要措施和规划的书面方案。其是建立工程项目成本管理责任制、开展成本控制和核算的基础。

3. 建筑工程成本控制

建筑工程成本控制主要是指项目经理部对建筑工程成本实施控制，包括制度控制、定额或指标控制、合同控制等。

4. 建筑工程成本核算

建筑工程成本核算是指将建筑工程实施过程中的各种费用所形成的建筑工程成本与计划目标成本，在保持统计口径一致的前提下进行对比，找出差异。

5. 建筑工程成本分析

建筑工程成本分析是在建筑工程成本跟踪核算的基础上，动态分析各成本项目的节超原因。其贯穿于建筑工程成本管理的全过程，也就是说建筑工程成本分析主要通过对项目的成本核算资料（成本信息）、目标成本（计划成本）、承包成本以及类似的工程项目的实际成本等进行比较，了解成本的变动情况，同时，也要分析主要技术经济指标对成本的影响，系统地研究成本变动的因素，检查成本计划的合理性，并通过成本分析，揭示成本变动的规律，寻找降低建筑工程成本的途径。

6. 建筑工程成本考核

建筑工程成本考核是建筑工程完成后，对建筑工程成本形成中的各责任者，按建筑工程成本目标责任制的有关规定，将成本的实际指标与计划、定额、预算进行对比和考核，评定建筑工程成本计划的完成情况和各责任者的业绩，并给予相应的奖励和处罚。

（四）成本管理的流程

一般而言，建筑工程成本管理的流程如图5-14所示。

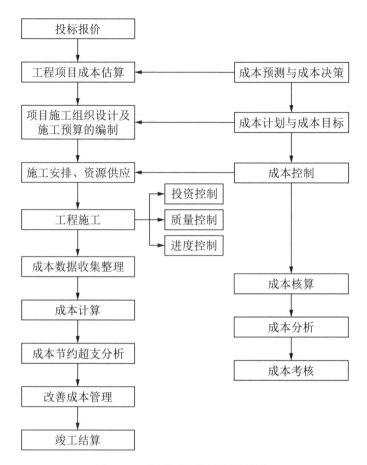

图 5-14　建筑工程成本管理的流程

（五）成本管理的措施

为了取得项目成本管理的理想成效，应当从多方面采取措施实施管理，通常可以将这些措施归纳为以下四个方面，即经济措施、组织措施、技术措施、合同措施。

1. 经济措施

经济措施是最易为人接受和采用的措施。管理人员应编制资金使用计划，确定、分解项目成本管理目标；对项目成本管理目标进行风险分析，并制订防范性对策。通过偏差原因分析和对未完项目进行成本预测，可发现一些可能导致未完项目成本增加的潜在问题，对这些问题应主动控制，及时采取预防措施。

2. 组织措施

项目成本管理不仅是专业成本管理人员的工作，各级项目管理人员也应负有成本控制责任。组织措施是从项目成本管理的组织方面采取的措施，如实行项目经理责任制，落实项目成本管理的组织机构和人员，明确各级项目成本管理人员的任务和职能分工、权力和责任，编制本阶段项目成本控制工作计划和详细的工作流程图等。组织措施是其他各类措施的前提和保障，而且一般不需要增加额外的费用，运用得当可以收到良好的效果。

3. 技术措施

技术措施不仅对解决项目成本管理过程中的技术问题是不可缺少的，而且对纠正项目成本管理目标偏差有相当重要的作用。运用技术措施的关键，一是要能提出多个不同的技术方案，二是要对不同的技术方案进行技术经济分析。在实践中，要避免仅从技术角度选定方案而忽视对其经济效果的分析论证。

4. 合同措施

成本管理要以合同为依据，因此合同措施就显得尤为重要。合同措施从广义上理解，除参加合同谈判、修订合同条款、处理合同执行过程中的索赔问题、防止和处理好与业主与分包商之间的索赔外，还应分析不同合同之间的相互联系和影响，对每一个合同做总体和具体的分析。

二、传统成本管理存在的问题

这里在分析传统成本管理存在的问题时，按照施工前、施工过程中、施工后三个阶段进行阐述。

（一）施工前传统成本管理存在的问题

在建筑工程施工准备阶段，施工单位都是根据图纸编制成本预算。通过开工前要实施图纸会审、制订施工方案等工序，调整修订成本预算，使之更加合理，并制订物资需求计划、工程进度计划等，为项目实施过程中的成本管理提供参考。

1. 图纸会审

工程施工前，施工图纸会审是一个重要的环节。建筑工程的各参建单位在收到施工图审查机构审查合格的施工图设计文件后，组织项目各专业技术人员进行细致的熟悉和审核，找出可能存在的问题及施工难点。施工图纸是施工单位和监理单位开展工作最直接的依据。但在实际操作中，施工进行监理较多，设计监理很少，图纸中差错难免存在，并且各专业技术人员往往只关注自己所负责的部分图纸，缺乏整体考虑，很难全面地发现图纸中存在的问题，从而导致在具体施工时发生返工、时间或成本超支等情况。

2. 施工方案的制订

根据图纸及工程所在地的具体情况，依靠建筑施工资深专家的考评，并结合施工单位的人力、设备、技术和施工经验等情况，从方案的经济性和适用性角度出发，制订详细的施工方案并进行合理的优化。由于方案是根据丰富的经验和较强的专业知识所制定的，遇到复杂的构造、特殊的工程、少见的施工工艺时，难免会预想不到位，往往导致在施工时才发现方案不可行，从而延误工期，增加成本。

（二）施工过程中传统成本管理存在的问题

施工过程中传统成本管理容易出现问题的环节主要包括：工程计量和计价、材料控制、进度控制、质量控制、安全控制等。其中，进度控制、质量控制和安全控制存在的问题在前几节中已经介绍过，这里就不再重复介绍了。

1. 工程计量和计价

工程成本人员根据施工图纸和监理签批的工程进度，人工计算完成的阶段性工程量和开工后的累计已完成工作量，作为向甲方申请进度款和分包单位支付款项的依据。此过程工程量的计算和统计较为繁重，并在汇总完成后还需与业主单位、分包单位等的成本人员核对工程量和价格，导致工作效率较低，且因为是人工手算，精度较差。❶

2. 材料控制

传统的材料控制，以施工图纸为依据，再根据实际的施工进度、物资储备情况编制物资需求计划表。当工程发生变更或进度发生变化时，需要及时地重新计算材料需求量，并重新掌握材料进场和分配的时间。由于重新计算材料用量需要耗费一定的时间，可能造成新的需求计划延误，从而导致材料控制不及时，出现材料储备不足或超量等后果。

---

❶ 王兰岩.浅议 BIM 应用下的成本管理 [J].建筑工程技术与设计，2019（2）：2395.

（三）施工后传统成本管理存在的问题

施工后的结算工作，主要依据施工合同、竣工图纸、签证变更资料等施工过程资料进行算量和计价，但因为施工时间长，施工过程资料多，参与人员多等原因，在后期结算时极其容易遗漏相关数据，从而漏算、错算等导致结算价不够。

三、BIM 技术应用于成本管理的价值

BIM技术应用于成本管理的价值主要体现在以下五个方面。

（一）快速准确地计算工程量

成本管理是建筑施工中的关键部分，其需要系统且全面地统计包括工程进度支付、工程结算等在内的各类工程量数据信息，从而合理控制施工成本。但据测算，目前工程量实际统计所需的时间已超过工程建设全部周期的一半。而工程量的统计无论是进行人工分析还是软件分析，都需要消耗大量的人力物力。但即便如此，也很难保证数据信息准确有效。

在编制设计概预算方面，BIM模型中存在大量具备强大计算功能的项目部件与构件信息，因此能快速计算出设计概预算实际所需的数据，并能够提供相对可靠的测算结果，从而解决传统图纸统计工作中所存在的统计数据烦琐的问题，降低设计工作的难度。同时，BIM模型可满足不同的需求、按照不同的规则进行计算。

在协助投标策划方面，投标单位可以通过对招标单位在BIM模型中提供的信息，快速进行检查和复核，避免计算时间不充分而导致的计算错误，有效规避风险。

（二）辅助确定施工方案

在工程项目中，模架体系的质量直接影响整个施工过程的安全性，因此模架体系施工方案的编制与执行具有相当严格的要求，尤其是高大支模体系和外脚手架工程，还需要专家论证。如使用传统方式对模架体系进行设计，通常会面临安全计算困难、图纸绘制烦琐、成本计算不准确、现场交底难理解的问题。而BIM技术则有效地化解了这个矛盾，通过可视化设计功能，不但能够实现施工图纸的快速绘制，还能对结构受力情况进行合理分析，并对材料的用量做出准确测算。在技术交底时，相较于传统的复杂的平面图纸，BIM模型还具有直观、生动、清晰的巨大优势。

BIM软件除了可以实现三维的建筑模型搭建，还可以以此为基础进行施工辅助设施的设计和建模，在配置相关标准参数后，就能自动生成工程施工图、配模图、计算书、材料统计表等各项内容，并实现对整栋建筑任一层面的三维剖切显示。

（三）实现精细化成本管理

随着工程项目的推进，工程使用的材料、人工等各方面的数量和成本都在不断攀升，对于项目配套资金的投入需求也不断扩大。为保障项目的正常推进，需要从一开始就制定合理的工程进度和资金计划，通过不断地过程调节和动态纠偏，有序地保障计划的落实，有针对性地进行各项资源配置，并通过精细化的管理手段，提升项目的经济效益和社会效益。在利用BIM模型进行施工成本管控的过程中，施工方可依据不同的时间、空间和工序在BIM模型中实时提取准确的工程量。

在常规项目中，工程材料的费用在施工总成本中占据50%～60%的比例，对材料进行了精细化的管理，很大程度上就实现了对工程造价的合理管控。通过BIM模型建立精准的数据库以后，就能对各个分部分项工程进行精确的统计，为保障限额领料等制度的落实提供数据支撑。由于BIM模型可以根据工程情况不断调整，项目相关人员可根据共享的BIM模型随时调用相关材料数据库，并针对需求及时、准确地进行拆分，计算出对应的工程量，实现有依据的审核管理。BIM技术还可以帮助企业项目管理层合理制订人材机计划，从技术层面为限额领料和消耗控制等相关工作提供保障，避免了粗放式管理导致的材料浪费，缩减施工成本，提升企业效益。

（四）支持多算对比和动态成本控制

在传统的施工成本管理过程中，由于信息化和智能化水平低，项目的所有数据信息都需要人工进行处理和分析，工作量大、效率低，导致成本核算分析需要消耗很高的时间成本和人力成本。而利用BIM模型，可以在极短的时间内迅速获取各项精准的项目信息，并针对性地开展分析和研究，降低了成本控制工作的消耗，提高了成本管理的精度，并最终促成了成本管控能力的提升。例如，在项目投标阶段，可以根据BIM模型建立相关数据库，通过其中全面准确的数据信息，进行合理有据的精准报价。在施工准备阶段，通过BIM模型可视化功能，进行施工流程的模拟和施工方案的制订，提前预知可能出现的问题，并及时进行妥善应对和处理，最大限度地降低风险、规避损失，实现成本的事前管控，保障项目后期的稳定运行。在施工环节，通过BIM技术的多维模拟，可及时完成施工耗材的系统化精准设定，为过程管理提供合理的依据。

对施工成本实现有效管理，最主要的是要从不同维度进行多算对比。因多算对比工作繁杂，如采用人工方式，必然会产生一系列问题。但如使用BIM模型则能规避这些问题，原因在于，该模型包含预算、实际成本等大量的相关信息，且能对这些信息实现任意时刻的快速测算与分析，从而对项目成本是否超标做出准确的快速判断。另外，BIM技术还可以对施工过程中的成本进行对比分析，从而对项目成本实现动态性的精细管理。通过不断地进行多算对比，BIM模型可以及时排查出相关的缺漏问题，大大降低了计算的不准确性并显著提升了成本管理的效果。[1]

（五）实现成本数据的共享与积累

目前，施工过程中成本数据通常通过文件档案在对应的管理部门保存和留档，由于档案单独存放，调用困难，实际管理通常会面临诸多问题。但如果使用BIM技术，就能在竣工结算环节对成本实现有效管理。原因在于，BIM模型能够集成并使建筑物的各项构建属性关联在一起，同时调整各项参数。另外，BIM模型还能不断录入新的现场信息，始终保持与实际情况的协调和同步，因此当项目竣工时，BIM模型也可以同步交付给相关的运营单位。

总的来说，BIM技术能够简化并明晰项目全过程中的数据，实现数据的有效采集、处理与存储，显著提高数据结算的准确性与有效性，并能明显加强管理人员间的有效互动，从而节约成本管理的时间，提高成本管理的效率，加快竣工结算的进度。

四、成本管理中 BIM 技术的具体应用

成本管理工作要实现高效有序，必须使BIM技术与传统工作流程互为补充，即以传统流程为主，BIM技术为辅，两者实现有机结合，并在流程中明确具体任务分解，如图5-15所示。具体来看，基于BIM技术的成本管理与传统的施工成本管理一样，均分为成本计划、成本控制与成本分析三个步骤。

---

[1]　崔永浩 .BIM 技术的建筑施工项目成本管理 [J]. 建筑工程技术与设计，2019（18）：3286.

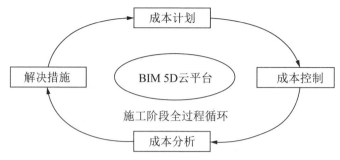

图 5-15　基于 BIM 技术的成本管理流程

（一）成本计划

成本计划作为项目成本管理的前提与依据，直接影响后续施工进度，因此需要科学合理地制订。成本计划是对工程项目进行成本控制的标准，更是成本降低的重要依据，如成本计划不符合目标成本，则需采取必要手段调整计划，降低成本。成本计划的步骤如图5-16所示，通过对5D信息模型的构建，综合空间三维图纸、进度计划及清单定额等成本信息，进行施工模拟，并依据模型模拟出的工程量、资源需求、资金信息等，进行方案的合理比选，为确定成本计划提供辅助信息，帮助进行科学的决策。

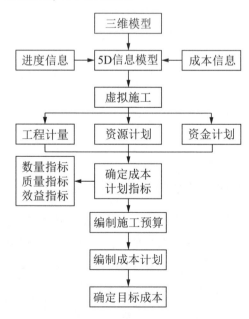

图 5-16　成本计划的步骤

一般而言，成本计划的细分可以分为图纸优化、概预算编制和施工方案编制三个部分。

①在图纸优化方面，可以通过BIM三维模型，对碰撞部位进行分析和排查。尤其在经常出现碰撞的管线排布环节，可以通过BIM的可视化功能，综合考虑建筑结构形式、施工便利性和管线功能性，对管线的排布进行模拟和优化，有效避免后期的变更和返工。

②在概预算编制方面，通过BIM模型能够对工程量进行快速统计，避免了传统成本管理中烦琐复杂的图纸工程量统计和价格计算工作，并有效提高了计算的准确度和可靠性。

③在施工方案编制方面，运用BIM模型可以对复杂节点的施工流程进行有效的模拟，为合理安排工序提供参考。同时，还能根据不同的施工方案快速计算出各方案的工程量和成本信息，帮助确定最佳方案。

（二）成本控制

建立基于BIM模型的动态施工成本管理流程是做好成本控制的核心内容。应根据BIM技术特点和对应需求，对传统成本管理工作流程进行优化和改造，实现基于BIM技术的协同工作，保证实施过程的有序运转，从而实现高效的成本管理，提高企业的效益和利润。

在施工作业安排阶段，各部门以成本计划为依据，履行相应职能，实现协同工作。BIM技术部门通过BIM模型进行5D施工模拟，并进行施工方案的编制和交底工作；生产部门依据施工方案和进度计划，有序组织劳动力进场；采购部门负责保障材料和器械设备的采购租赁；财务部门落实项目资金的按时到账和拨付。

通过三维BIM模型和成本数据的实时更新，项目管理人员可以高效掌握工程的实时进度、人员安排、材料器械、安全质量等动态信息，并以此为基础准确得知项目的各项资源需求，保证资源配备与需求的精准匹配，及时发现和解决安全、质量问题，有效避免浪费和返工现象，实现对项目成本的精准把控，实现项目利润的最大化。

为实现对施工阶段成本的精细化管理，需要在日常材料管理、工程变更及进度结算等方面进行全面管控。图5-17为细化的成本流程图，体现出各部门在施工环节材料管理、费用结算、变更工程款结算和进度款结算等环节的分解任务。

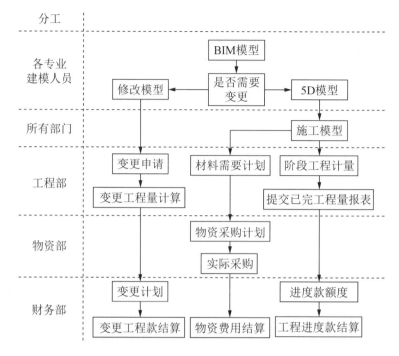

图 5-17　细化的成本流程图

在材料管理方面，通过BIM技术可以实时获取各分部分项工程的精确工程量，为日常的限额领料工作及人材机计划的确定和调整提供依据，有效避免日常工作中的浪费情况，为材料管控提供技术支持。

在工程变更方面，传统模式下工程变更需经监理、设计及建设方同意才能对工程图纸及对应的工程量进行调整，手续繁杂，耗时较长，还经常面临结算滞后的问题。一旦出现较大数量的工程变更，项目的正常施工就会面临巨大的压力，影响原有的资金和进度计划。在应用BIM技术进行成本管理的过程中，可以采用模型对工程变更进行模拟，快速获取变更导致的工程量和资金变化信息，及时进行分析和决策。

在进度款计量支付方面，通过 BIM模型可以快速获取当月、当季度和竣工时各单位的已完成工作量，并以此为基础精确计算应付的工程价款，不仅加快了进度款结算的速度，也提高了计算的准确性，而且有效减少了管理人员的工作量，保证了项目各方的利益。

（三）成本分析

阶段性成本分析是保障实现项目动态成本管理的基础。传统的阶段性成本分析由于工作量大、效率低，往往以月、季度为单位进行管控，基于BIM模型的阶段性成本分析可以实现对项目的实时分析，大幅减少了成本分析的时间间隔，及时发现了管理漏洞，有效降低了成本风险。

为实现基于BIM技术的标准化成本分析，提高管理效率和水平，需要建立合理的工作流程。在核算过程中，通过BIM模型快速进行实际成本的统计汇总，计算项目的进度和成本绩效指数（SPI、CPI），确定成本的偏差情况，分析偏差的成因，并及时进行纠偏，实现成本和进度的联动控制。与此同时，不断总结和完善成本管理中的优良做法，进行推广实践，并制度化落实，为后续工作打好基础，实现对整个施工过程的全过程成本分析和管控。

第六章 建筑工程竣工验收阶段 BIM 技术的应用

项目竣工验收是一项复杂而细致的工作，发承包双方和工程监理机构应加强配合协调，以期使项目按期、保质、保量完工。竣工验收包括大量的基础性工作，从竣工验收准备开始，到办理交工手续终结，要经过一个渐进、有序的过程。同时，竣工验收也是建设投资成果转入生产或使用的标志，是全面考核投资效益、检验设计和施工质量的重要环节。

竣工验收阶段涉及的参与方众多，不同参与方肩负的职责不同。例如，施工单位应从交工的主观愿望出发，做好竣工验收管理中的各项基础工作，为竣工验收创造条件；监理机构应组织对竣工资料及各专业工程质量的全面检查，进行工程竣工预验收，对可否组织正式竣工验收提出明确的意见；建设单位应根据施工合同的约定，组织进行工程竣工验收和竣工结算的审查。总而言之，各参与方按照协调一致的原则开展各方面工作，对建设工程顺利进行竣工验收十分有利。但在工程邻近结束时期，由于后续的交接、结尾工作非常烦琐，竣工验收管理时常出现问题，在这一环节应用BIM技术，可以大大减轻相关管理人员的工作量。基于此，本章主要研究在竣工验收阶段BIM技术的应用。

第一节 竣工验收的基本知识

一、竣工验收的概念

建筑项目竣工验收是指建设单位在建设项目按批准的设计文件所规定的

内容全部建成后，向使用单位交工的过程。其验收程序是：整个建设项目按设计要求全部建成，经过第一阶段的交工验收，符合设计要求，并具备竣工图、竣工结算、竣工决算等必要的文件资料后，由建设项目主管部门或建设单位，向负责验收的单位提出竣工申请报告，按现行验收组织规定，接受由银行、物资、环保、劳动、统计、消防及其他有关部门组成的验收委员会或验收组验收，办理固定资产移交手续。验收委员会或验收组负责审查建设的各个环节，听取各有关单位的工作报告，审阅工程技术档案资料，并实地查阅建筑工程和设备安装情况，对工程设计、施工和设备质量等方面做出全面的评价。而竣工验收管理就是对建筑项目竣工验收过程进行的管理工作。❶

二、竣工验收的标准

建设工程竣工验收、交付生产和使用，必须有相应的标准以资遵循。一般有土建工程、安装工程、人防工程、管道工程、桥梁工程、电气工程及铁路建筑安装工程等的验收标准。此外，还可根据工程项目的重要性和繁简程度，对单位工程、分部工程和分项工程，分别制定国家标准、部门有关标准以及企业标准。对于技术改造项目，可参照国家或部门有关标准，根据工程性质提出各自适用的竣工验收标准。

（一）竣工验收交付生产和使用的标准

①生产性工程和辅助公用设施，已按设计要求建完，能满足生产使用。

②主要工艺设备配套，设备经联动试车合格，形成生产能力，能够生产出设计文件所规定的产品。

③必要的生活设施已按设计要求建成。

④环境保护设施、劳动安全卫生设施、消防设施等已按设计要求与主体工程同时建成使用。

（二）土建、安装、人防、大型管道的竣工验收标准

1. 土建工程的竣工验收标准

凡是生产性工程、辅助公用设施及生活设施，按照设计图纸、技术说明书在工程内容上按规定全部施工完毕；室内工程全部做完，室外的明沟勒角、踏步斜道全部做完，内外粉刷完毕；建筑物、构筑物周围2 m以内场地平整，障

❶ 丁志胜.BIM 技术在建筑施工管理中的应用 [J].湖北水利水电职业技术学院学报,2020（2）：49-51.

碍物清除，道路、给排水、用电、通信畅通，经验收组织单位按验收规范进行验收，使工程质量符合各项要求。

2. 安装工程的竣工验收标准

凡是生产性工程，其工艺、物料、热力等各种管道均已安装完，并已做好清洗、试压、吹扫、油漆、保温等工作；各种设备、电气、空调、仪表、通信等工程项目全部安装结束；经过单机、联机无负荷及投料试车，全部符合安装技术的质量要求，具备生产的条件，经验收组织单位按验收规范进行合格验收。

3. 人防工程的竣工验收标准

凡有人防工程或结合建设的人防工程的竣工验收，必须符合人防工程的有关规定。应按工程登记，安装好防护密闭门；室外通道在人防防护密闭门外的部位，增设防雨便门、设排风孔口；设备安装完毕，应做好内部粉饰并防潮；内部照明设备完全通电，必要的通信设施安装通话；工程无漏水，做完回填土，使通道畅通无阻等。

4. 大型管道工程的竣工验收标准

大型管道工程（包括铸铁管、钢管、混凝土管和钢筋混凝土预应力管等）和各种泵类电动机按照设计内容、设计要求、施工规范全部（或分段）按质按量铺设和安装完毕；管道内部积存物要清除，输油管道、自来水管道、热力管道等还要经过清洗和消毒，输气管道还要经过赶气、换气；这些管道均应做打压试验；在施工前，要对管道材质及防腐层（内壁和外壁）根据规定标准进行验收，钢管要注意焊接质量，并进行质量评定和验收；对设计中选定的闸阀产品质量要慎重检验；地下管道施工后，回填土要按施工规范要求分层夯实；经验收组织单位按验收规范验收合格，方能办理竣工手续，交付使用。

三、竣工验收的内容

建设工程竣工验收的内容依据建设工程的不同而不同，一般包括工程资料验收和工程内容验收两部分内容。

（一）工程资料验收

工程资料验收包括工程技术资料、工程综合资料和工程财务资料。

1. 工程技术资料验收内容

①工程地质、水文、气象、地形、地貌、建筑物、构筑物及主要设备安装

位置、勘察报告、记录。

②初步设计、技术设计或扩大初步设计、关键的技术试验、总体规划设计。

③土质试验报告、基础处理。

④建筑工程施工记录、单位工程质量检验记录、管线强度、密封性试验报告、设备及管线安装施工记录及质量检验报告、仪表安装施工记录。

⑤设备试车、验收运转、维修记录。

⑥产品的技术参数、性能、图纸、工艺说明、工艺规程、技术总结、产品检验、包装、工艺图。

⑦设备的图纸、说明书。

⑧涉外合同、谈判协议、意向书。

⑨各单项工程及全部管网竣工图等的资料。

2. 工程综合资料验收内容

项目建议书及批件，可行性研究报告及批件，项目评估报告，环境影响评估报告书，设计任务书，土地征用早报及批准的文件，承包合同，招标投标文件，施工执照，项目竣工验收报告，验收鉴定书。

3. 工程财务资料验收内容

①历年建设资金供应（拨、贷）情况和应用情况。

②历年批准的年底财务决算。

③历年年度投资计划、财务收支计划。

④建设成本资料。

⑤支付使用的财务资料。

⑥设计概算、预算资料。

⑦施工决算资料。

（二）工程内容验收

工程内容验收包括建筑工程验收和安装工程验收。

1. 建筑工程验收内容

建筑工程验收主要是如何运用有关资料进行审查验收，主要包括以下内容。

①建筑物的位置、标高、轴线是否符合设计要求。

②对基础工程中的土石方工程、垫层工程、砌筑工程等资料的审查，因为

这些工程在"交工验收"时已验收。

③对结构工程中的砖木结构、砖混结构、内浇外砌结构、钢筋混凝土结构的审查验收。

④对屋面工程的木基、望板油毡、屋面瓦、保温层、防水层等的审查验收。

⑤对门窗工程的审查验收。

⑥对装修工程的审查验收（抹灰、油漆等工程）。

2. 安装工程验收内容

安装工程验收分为建筑设备安装工程、工艺设备安装工程和动力设备安装工程验收。

①建筑设备安装工程验收（指民用建筑物中的上下水管道、暖气、煤气、通风、电气照明等安装工程）应检查这些设备的规格、型号、数量、质量是否符合设计要求，检查安装时的材料、材质、材种。

②工艺设备安装工程验收包括：生产、起重、传动、实验等设备的安装，以及附属管线敷设和油漆、保温等。检查设备的规格、型号、数量、质量、安装位置、标高、机座尺寸、质量、单机试车、无负荷联动试车、有负荷联动试车、管道的焊接质量、吹扫、试压、试漏、油漆、保温等及各种阀门。

③动力设备安装工程验收是指有自备电厂的项目，或变配电室（反）、动力配电线路的验收。

四、竣工验收的主要任务

建筑工程竣工验收是基本建设程序的最后一个阶段。建筑工程经过验收，交付使用，并办理各项工程移交手续，标志着投入的建设资金转化为使用价值。在这一阶段，竣工验收的主要任务如下。

①建设单位、勘察和设计单位、监理单位、施工单位（包括各主要的工程分包单位）要分别对建筑工程的决策和论证、勘察和设计以及施工的全过程，进行最后的评价，实事求是地总结各自在建筑工程建设中的经验和教训。这项工作，实际上也是对建筑工程管理全过程进行系统的检验。建筑工程总承包单位的项目经理还应该组织有关人员对整个建筑工程进行工期分析、质量分析、成本分析。

②办理建筑工程的验收和交接手续，办理竣工结算和竣工决算，办理工程

档案资料的移交，办理工程保修手续等。总之，在这个阶段，要把整个建筑工程的结束工作、移交工作和善后清理工作全部办理完毕。

③对施工单位来讲，应该把工程竣工作为一个过程看待，或者说把收尾和竣工作为一个阶段看待。在这个阶段，其所承担的建筑工程即将结束，并将转向或已经转向新的建筑工程的施工，而本建筑工程仍有很多收尾工作和竣工验收工作要做。这些工作虽比较繁杂和琐碎，但要求十分认真仔细地进行，把这些工作做好了，有利于各个参与建筑工程施工的单位投入新建筑工程的建设。

五、竣工验收的流程

通常情况下，竣工验收管理的流程如图6-1所示。

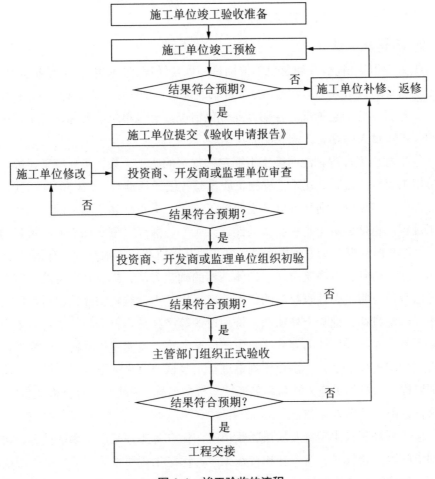

图 6-1　竣工验收的流程

（一）施工单位提交竣工报告

工程完工后，施工单位向建设单位提交工程竣工报告，申请工程竣工验收。实行监理的工程，工程竣工报告必须经总监理工程师签署意见。

一般情况下，竣工报告中应该包含以下内容。

1. 工程概况

写明工程名称、工程地址、工程结构类型、建筑面积、占地面积、地下及地上层数、基础类型、建筑物檐高、主要工程量、开工和完工日期；建设、勘察、设计、监理、总包及分包施工单位名称。

2. 施工主要依据

说明施工主要依据，标明合同名称及备案编号、设计图工程号及主要设计变更编号，说明施工执行的主要标准。

3. 工程施工情况

①人员组织情况。注明总包单位项目部项目经理、技术负责人、专业负责人、施工现场管理负责人等的姓名、执业证书及编号，特殊工种人员持证上岗情况。

②项目专业分包情况。注明专业分包情况，分包单位的名称、资质证书号码和技术负责人的姓名、执业证书及编号。

③工程施工过程。注明施工工期定额规定的施工天数、实际施工天数、工程总用工工日。按照《建筑工程施工质量验收统一标准》（GB 50300—2013）中分部工程的划分，简介各分部主要施工方法，重点描述地基基础、主体结构施工过程，包括建筑地基种类（天然或人工）、深度（槽底标高）、承载力数值、允许变形要求。说明地基处理情况及地基土质和地下水对基础有无侵蚀性。说明混凝土的制作及浇筑方法、砌体结构的砌筑方法、模板制作方法、钢筋接头方法等。说明主要建筑材料的使用情况，用于主体结构的建筑材料，门窗、防水、保温材料、混凝土外加剂、特种设备等产品是否符合相关规定，生产厂家是否具有生产许可证品牌并注明生产厂家名称。说明建筑材料、构配件设备是否按规定进行了报验，是否按规定进行了复试、有见证取样与送检，注明有见证取样与送样的见证人姓名和见证试验机构名称。说明是否有合格证明文件，是否符合国家及地方标准。

④工程施工技术措施及质量验收情况。简介各工序采用了哪些技术、质量控制措施以及新技术、新工艺和特殊工序。评定工程质量采用的标准，说明执行《工程建设标准强制性条文》和国家工程施工质量验收规范及安全与功能性

检测，原材料试验，施工试验，主要建筑设备、系统调试的情况。说明地基基础与主体结构及分部验收质量是否达标，企业竣工自检、施工资料管理等情况。

⑤工程完成情况。说明是否依法完成了合同约定的各项内容，有无甩项，有无质量遗留问题，以及需要说明的其他事项。

4. 工程质量总体评价

说明工程是否达到设计要求，是否符合《工程建设标准强制性条文》和国家工程施工质量验收规范，是否达到了施工合同的质量目标，是否具备竣工验收条件。

（二）验收小组制定验收方案

建设单位收到工程竣工验收报告后，对符合竣工验收要求的工程，组织勘察、设计、施工、监理等单位和其他有关方面的专家组成验收小组，制订验收方案。

①由建设单位负责组织实施建设工程竣工验收工作，质量监督机构对工程验收实施监督。

②由建设单位负责组织竣工验收小组，验收组组长由建设单位法人代表或其委托的负责人担任，验收组副组长应至少有一名工程技术人员。验收组成员由建设单位的上级主管部门、建设单位项目负责人、建设单位项目现场管理人员及勘察、设计、施工、监理单位与无直接关系的技术负责人或质量负责人组成，建设单位也可邀请有关专家参加验收小组。验收小组中土建及水电安装专业人员应配备齐全。

（三）通知工程质量监督机构

建设单位应当在工程竣工验收七个工作日前将验收的时间、地点及验收组成员名单书面通知负责监督该工程的工程质量监督机构。

（四）工程初验

投资商、开发商或监理单位组织初验。初验就是工程项目竣工的预验收，是在承建单位完成自检自验，并认为符合正式验收条件，在申报工程验收后、正式验收之前的这段时间内进行的。委托监理的工程项目，总监理工程师应组织其所有各专业监理工程师来完成。竣工预验收应当有工程项目的投资商或开发商、设计人员、质量监督人员参加，而承建单位也必须派人配合竣工预验收工作。

由于工程项目竣工预验收的时间较长，又由各方面派出的专业技术人员进行，验收中发现的问题一般都在此时解决，为正式验收创造条件。为做好工程项目竣工预验收工作，总监理工程师要提出一个预验收方案，这个方案包括：预验收需要达到的目的和要求；预验收的重点、预验收的组织分工；预验收的主要方法和主要检测工具等，并向参加验收的人员进行交底。

（五）建设单位组织竣工验收

①由竣工验收小组组长主持竣工验收。

②建设、施工、监理、设计、勘察单位分别书面汇报工程项目建设质量状况、合同履约及执行国家法律、法规和工程建设强制性标准情况。

③审阅建设、勘察、设计、施工、监理单位的工程档案资料。

④实地查验工程质量。

⑤对竣工验收情况进行汇总讨论，并听取质量监督机构对该工程质量的监督情况。

⑥对工程勘察、设计、施工、设备安装质量和各管理环节等方面做出全面评价，形成经验收组人员签署的工程竣工验收意见。

⑦当验收过程中发现严重问题，达不到竣工验收标准时，验收小组应责成单位立即整改，并宣布本次验收无效，重新确定时间组织竣工验收。

⑧当竣工验收过程中发现一般需要整改的质量问题，验收小组可形成初步验收意见，填写有关表格，签字，但建设单位不加盖公章。验收小组责成有关单位整改，可委托建设单位项目负责人组织复查，整改完毕符合要求后，加盖建设单位公章。

⑨当验收小组不能形成一致意见时，应当协商，提出解决办法，待意见一致后，重新组织竣工验收。当协商不成时，应报行政主管部门或质量监督机构进行协调裁决。

（六）验收结果判定

1. 验收合格

工程竣工验收合格后，建设单位应当及时提出工程竣工验收报告。工程竣工验收报告是对工程竣工验收活动的总结以及对工程的全面评价，也是向备案机关和建设工程质量监督等机构报告工程竣工的备案文件。工程竣工验收报告主要包括工程概况，建设单位执行基本建设程序情况，对工程勘察、设计、施工、监理等方面的评价，工程竣工验收的时间、程序、内容和组织形式，工程竣工验收意见等内容。

依照《房屋建筑和市政基础设施工程竣工验收规定》（建质〔2013〕171 号）的要求，工程竣工验收报告应附有下列文件：施工许可证、施工图设计文件审查意见、工程竣工报告、工程质量评估报告、质量检查报告、由施工单位签署的工程质量保修书、由验收组人员签署的工程竣工验收意见，以及法规、规章规定的其他有关文件。

2. 验收不合格

如果工程或某区段未能通过竣工检验，施工单位应对缺陷进行修复和改正，并在相同条件下重复进行此类未通过的试验和对任何相关工作的竣工检验。当整个工程或某区段未能通过按重新检验条款规定所进行的重复竣工检验时，验收小组可以选择以下两种方法。

①再进行一次重复的竣工检验。

②如果由于该工程缺陷致使建设单位基本上无法享用该工程或区段所带来的全部利益，建设单位有权获得施工单位的赔偿。赔偿方式有两种。一是施工单位赔偿建设单位为整个工程或该部分工程（视情况而定）所支付的全部费用及融资费用。二是在建设单位同意的前提下，施工单位对建设单位造成的损失进行折价补偿。

六、竣工验收的意义

具体而言，竣工验收具有以下几方面意义。

①竣工验收是施工阶段的最后环节，也是保证承包合同任务按期完成、提高施工质量水平的最后一关。通过竣工验收，可以全面综合考察工程施工进度、工程质量、工程成本的控制与管理水平，保证竣工项目符合设计、标准、规范等规定的质量标准要求和合同规定的履约要求。

②完整、及时地做好建筑工程的竣工验收，可以促进建设项目按时投产或投入使用，对发挥投资效益、产生新的积累和总结投资经验具有重要作用。

③建筑工程的竣工验收标志着建筑施工企业承包该工程的建筑工程经理部的一次性任务的全面完成，可以及时收回工程款、总结经验教训和安排新项目的施工任务。

④通过建筑工程竣工验收整理档案资料的管理工作，既能总结建设过程和

施工过程的经验和不足，又能给使用单位提供使用、维修和扩建的依据，具有长久的意义。

⑤通过建筑工程竣工验收后，建设单位与施工单位方能按规定签订《建设工程保修合同》，明确规定签约双方的责任、权利和义务，用法律文件约束继续完成建筑工程的用后服务。

第二节 竣工验收阶段存在的问题及 BIM 技术的应用

一、传统竣工验收阶段存在的问题

（一）竣工验收制度不完善

工程竣工验收缺乏细化的操作规程。虽然相关法律法规中确立了竣工验收制度，但对具体的验收要求、内容、程序等无具体细化操作规程，且由于各建设单位管理水平参差不齐等原因，竣工验收流于形式、走过场情况较为普遍。同时，由于建设单位内控制度不完善，部分现场负责人员为临聘人员，存在一定廉政风险。

（二）建设单位管理人员和工程项目体量矛盾突出

随着城市建设的需要，公共基础设施等政府投资性项目建设工程也相应增加，相应的矛盾也日益凸显，主要体现在两个方面。一是工程项目数量与管理人员数量间的矛盾，即项目个数增多，而相应管理人员配备未跟上。二是管理人员专业性不够，建设单位工程项目管理人员专业性不强，如部分建设单位工程管理人员非专业出身。

（三）整理资料费时费力

传统的竣工验收通过二维图纸或文件完成，其中可能涉及大量的资料整理、文件沟通及变更、签证资料的处理，经常会出现信息传递偏差、资料不全等问题，施工方或建设方需花费大量的时间整理所需的文件资料。❶

---

❶ 米丽梅 .BIM 技术在建筑工程施工设计及管理中的应用 [J]. 山西建筑，2021（12）：188-190.

（四）竣工验收程序冗长、繁杂

我国在建筑工程法规体系和工程质量监管体制的完善上有很大空间，虽然已经制定颁布了一系列的法律、法规、规范标准，但建筑工程竣工验收程序在实践中暴露的弊端也越来越明显，其主要表现在以下四个方面。

①验收程序繁杂，建设工程竣工往往要通过建设、国土、气象、消防等多个职能部门的专项验收，建设单位需要到相关部门重复经历验收申请、材料准备、资料预审、现场验收等环节，有的还需要资料复审、整改落实、现场复验，整个验收过程拖沓冗长，烦琐复杂，严重影响验收效率，制约了企业发展。

②验收周期长，如各环节顺利的情况下，从开始申请验收到办理房屋产权证大约需要三个月，有时需要半年甚至更长时间。

③耗费精力多，验收过程中，验收条件、验收人员、验收时间等都由相关职能部门掌握，建设单位往往需要在多个部门之间来回跑，有些质量监督部门在监督检查过程中借机收取较高的费用。有时还会碰上门难进、人难请、事难办、容易滋生暗箱操作等不良行为，既浪费了建设单位精力，又损害了政府形象。

④影响区域经济发展，烦琐、低效的竣工验收机制无形中给企业发展设置了障碍，造成人、财、物的大量浪费，影响企业的投入和产出，增加企业负担。

（五）验收成员的行政监督权责分离、定位不明确

从理论上说，建设工程竣工验收是各方参建主体在建筑工程完工之后，在建设单位的主导下共同参与验收，并出具验收合格报告的行为，是参建单位对建筑工程质量做承诺保证的自律行为。但事实上并非如此简单，在各参建单位建设工程竣工验收之后，法律规定还要将建设工程竣工验收合格结果报有关主管机构备案，体现政府主管部门对建筑工程项目的行政控制，目的在于提高建筑工程质量，事实上却为政府机关行政管理提供程序方便。而质量监督机构在行政上隶属于各级建设行政主管部门管理，接受政府部门的委托，行使行政职能，但其没有行政处罚权。

我国建设工程竣工验收监管和检测主体并不分离。质量监督管理机构大部分属于自收自支的事业单位，是按照一定的比例，直接从建筑工程项目中收取费用，容易产生钱权交易。目前我国大部分建设工程质量检测机构设立在质量

监督机构中或与质量监督机构有行政隶属关系，主要是用检测收入来弥补监督收入的不足。这种做法容易导致行政腐败行为的发生，不利于建设工程竣工验收质量的落实。

另外，建设工程竣工验收监管人员素质参差不齐，监督技术落后。质量监督工作是一项技术性和政策性都很强的工作，需要高素质的技术人员，但由于编制和经费的现实问题，各级质量监管机构都缺乏高水平的专业技术人员，技术装备上缺乏现代化的检测手段，影响建设工程竣工验收的监管力度和深度，削弱了政府监督的权威性、有效性。

（六）竣工验收中的寻租行为

寻租是指人们凭借政府保护而进行的寻求财富转移的活动，包括通过引入政府干预或者终止它的干预而获利的活动。建设工程中的寻租行为是指在工程施工过程中，部分人通过贿赂当权者等一些非生产性的行为寻求不正当的利益。例如，设计单位、施工单位或者相关人员在建设工程竣工验收阶段以劳务费、咨询费、佣金、顾问费等形式贿赂验收人员或者通过各种渠道给验收人员施加压力或影响。从宏观经济学的角度来说，政府调控必然会带来寻租行为，由于政府部门对建设工程项目拥有决定权和干预权，使寻租者意识到能通过寻租行为从这些权利中获得额外收益或尽量避免这些权利的干预产生其他支出。在建设工程竣工验收阶段，寻租行为不仅会造成社会资源的浪费，而且会阻碍市场机制的有效运行，还会降低政府部门的公信力，从而损害政府的声誉和形象，破坏公民和政府之间的和谐关系，容易引发群体事件，影响社会稳定。因此，必须采取有效的防范措施来遏制寻租行为。

二、竣工验收阶段中 BIM 技术的具体应用

在竣工验收阶段应用BIM技术的流程如图6-2所示。具体而言，BIM技术可以应用在竣工验收阶段的以下方面。

（一）辅助竣工结算

常规的工程量结算，基本上是预算人员根据图纸和现场实测实量配合常用算量软件进行计算。但是软件仅仅是起到配合作用，对于某些较难统计的工程量，如脚手架等，通常都是采用估算的形式，很容易出现误差和漏洞。

建筑工程在竣工验收阶段建立一套完整的BIM模型，并且建立信息化云平台，可关联施工过程中的所有设计变更。结算时可快速提取所需要部位的工程

量，让建设项目参建各方都能直观清晰地对每一项结算内容进行把控，更加精确快速地进行工程结算，有效降低了各参建方的工作强度，提高了工程结算效率。最后运用BIM软件的云功能检查，通过分析结算书，大大减少了少算和漏算的现象。

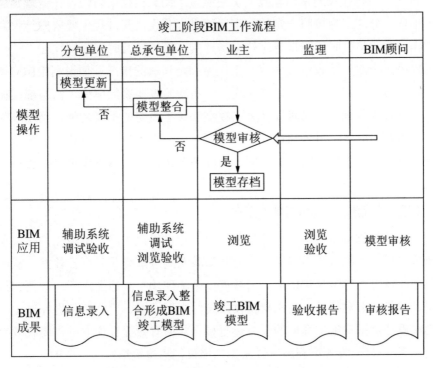

图 6-2　竣工验收管理中 BIM 技术应用流程

这种方式同时可以用于各分包方的结算，避免算量不精确导致的多算多付现象的出现。这样就使得施工总承包方结算时不会出现遗漏和缺项的情况，使所得利润更加完整。

（二）辅助竣工资料管理

运用BIM技术可以使项目的竣工资料管理更加方便快捷。例如，验收小组从三维综合运维平台的数据库中将待验收信息和相应的标准信息读取出来，比较待验收信息是否与相应的标准信息一致，若一致，则表示电子验收通过。这时，验收小组只需要将所有的验收资料、整改记录、整改记录资料和整改确认表输入至三维综合运维平台的BIM系统，并定期导出电子验收阶段的统计表即可。如果电子验收表示不通过，施工单位就需要对工程项目进行整改，再交由验收小组比对验收信息和标准信息的一致性，直至电子验收通过为止。

（三）辅助消防验收工作

传统的消防验收通常由验收人员对照竣工图纸根据消防验收评定规则对建筑各单项、分项工程按照一定的抽查比例进行验收，其过程主要依靠验收人员的工作经验和验收时的测量等进行现场评判，受场地及时间限制往往无法对建筑工程进行全面的验收检查，容易出现遗漏及误解的情况。如果利用BIM技术进行消防验收，建设单位可以提交配置了消防验收要素的模型，消防部门在材料审查验收阶段就可以比对设计施工模型和竣工模型的不同之处，到现场验收时就可以有的放矢。另外通过模型的全面对比分析，也可以避免出现传统的仅依靠二维图纸验收容易出现的误解、遗漏情况，该模型也可作为验收资料进行存档，便于日后查看。

（四）辅助竣工验收测量工作

针对建筑物体量大、现场地形复杂等问题，可以使用三维激光扫描仪来测量建筑工程，并通过基于BIM技术的移动激光测量系统获取点云数据，从而采集整个区域内的建筑物和地形点云数据。采集现场实测净高净开间数据、点云数据、倾斜摄影数据后，与BIM验收系统内模型位置、尺寸信息进行对比，可以实现设计数据与施工数据的全方位复核，从而有效提升住宅分户验收效率和精度。图6-3是验收人员利用三维激光扫描仪扫描建筑结构的示意图。

图 6-3　验收人员利用三维激光扫描仪扫描建筑结构的示意图

（五）优化监理工作流程

在竣工验收阶段的监理工作中引入 BIM 技术，可以使信息流转更加通畅，使监理单位实现对整个验收过程的动态监管。同时，相关审查、审核、签认工作均可以在相关的网络协同工作平台内完成，提高了信息的流转效率，减少了信息传递过程中的丢失与断裂问题。而且相关工作均有操作记录，可以提高工作透明度和合规性，消除各验收单位之间信息沟通不畅及错误理解等问题。

在竣工验收过程中，BIM 竣工模型的完善十分重要。BIM 竣工验收模型的完善不仅能为项目后期运营维护平台的建立提供强大的数据支撑，还能为建设单位及施工单位在未来对项目进行维修、改造、扩建等快速提供有效的信息，有效提高工程项目运行效率。竣工后，建设方可以将包含各类施工信息的 BIM 模型加入设备、人员、消防等信息形成运维模型，方便工程投入使用后的物业以及运行维护管理。竣工模型的交付具体流程如图 6-4 所示。❶

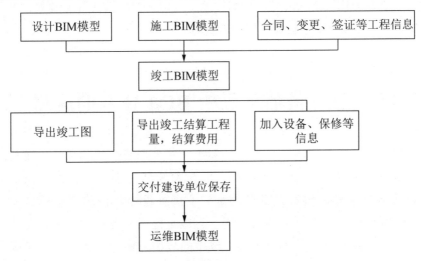

图 6-4　竣工模型的交付具体流程

---

❶　张德军 . 浅析 BIM 技术在建筑工程项目管理中的应用 [J]. 建设监理，2018（4）：11-13.

第七章　建筑工程管理中 BIM 技术的应用案例

前几章介绍不同建筑工程参与方对BIM技术的应用，为加深读者的理解，本章列举了四个建筑工程管理中BIM技术的应用案例，结合现实数据，充分体现出BIM技术在建筑工程管理中应用的优势。

第一节　幕墙工程中 BIM 技术的应用

BIM在幕墙中的使用，最早只是用于一些外形复杂的项目，主要是因为CAD制图无法绘制双曲弯扭的截面，而BIM软件有强大的三维功能，可以根据设计参数建模，然后在模型的基础上进行设计，构建复杂模型，从而达到设计师想要的效果并生成设计图，对施工提供精准指导，保证幕墙正确施工。本节以BIM技术在上海中心大厦中的应用为例，对其技术和效果进行介绍。

一、工程信息

地理位置：上海中心大厦位于上海浦东陆家嘴金融贸易区，北靠花园石桥路，南临陆家嘴环路，西接银城中路，东望东泰路。

建筑面积：总建筑面积约为574 058平方米，楼高632米。地下5层，地上121层，裙房7层。建筑的功能分区如图7-1所示。

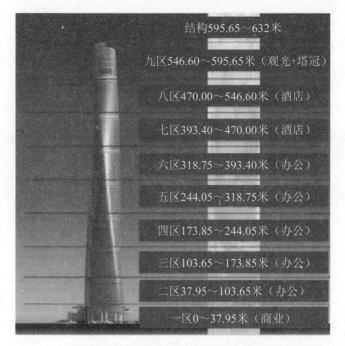

结构595.65～632米

九区546.60～595.65米（观光+塔冠）

八区470.00～546.60米（酒店）

七区393.40～470.00米（酒店）

六区318.75～393.40米（办公）

五区244.05～318.75米（办公）

四区173.85～244.05米（办公）

三区103.65～173.85米（办公）

二区37.95～103.65米（办公）

一区0～37.95米（商业）

图7-1　上海中心大厦的功能分区

上海中心大厦幕墙体系共分三个部分，包括外幕墙体系、内幕墙体系和裙房幕墙体系，需要建设的幕墙工程面积约13万平方米。

外幕墙体系：外层玻璃幕墙，从一区到九区塔冠，由A1～A5五个单元板系统组成，每层以直立阶梯式旋转错开、向上逐层收缩，通过每区由钢管曲梁、吊杆和水平径向支撑共同组成的钢结构支撑体系与主体结构连接。

内幕墙体系：内层玻璃幕墙，从二区到八区，由B1、B8、B10、C、D五个玻璃幕墙体系组成，从每区休闲层呈垂直圆筒形连贯延伸至设备层楼板底，通过预埋钢件与每层结构楼板连接。

裙房幕墙体系：裙房幕墙，从1层到7层，覆盖整个一区商业区，主要由PG1、PG2、PG3玻璃幕墙系统，PS1石材幕墙系统和PR金属屋面系统组成。

二、过程分析

（一）BIM 技术在幕墙施工图前阶段的应用

上海中心大厦的外幕墙共有19 317个单元板块，每个单元板块中包括30种主要构件，这样计算约需要58万个主要构件；每个构件又包括3～5个加工尺寸，则各种加工尺寸的构件总计达到174万～290万个，这些海量数据的设计与提取需要投入大量的劳动力。基于原建筑设计思路，幕墙BIM设计师利用Rhino及 Grasshopper 软件对外幕墙参数化建模（精度等级：LOD100），并经由建筑师确认。上海中心大厦幕墙LOD100模型如图7-2所示。❶

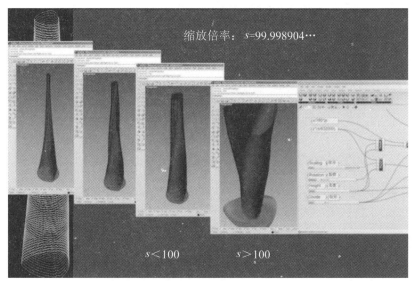

图 7-2　上海中心大厦幕墙 LOD100 模型

基于LOD100的模型，幕墙设计师深化幕墙系统，并经计算确认。这是一个"设计—审核—调整"的反复过程，BIM技术的参数化为幕墙方案的修改提供了有效的办法，可视化能够帮助业主、建筑师理解设计的意图。幕墙方案确认过程中产生的模型能够用于碰撞检测、5D模拟、动画漫游、效果比对等，此时精度等级为LOD300，如图7-3所示。

（二）BIM 技术在幕墙施工图阶段的应用

在幕墙方案确认后，幕墙的龙骨、面板及其他主材已确定，但还没有获取加工数据。基于LOD300的模型，创建加工级模型，对构件进行开孔、铣切、倒角等。精度等级为LOD400，如图7-4所示。

---

❶　刘珩 .BIM 技术在上海中心大厦外幕墙工程中的应用 [J]. 土木建筑工程信息技术，2013（5）：79-87，97.

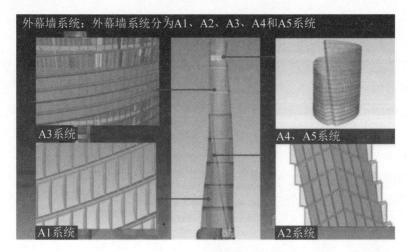

图 7-3　上海中心大厦幕墙 LOD300 模型

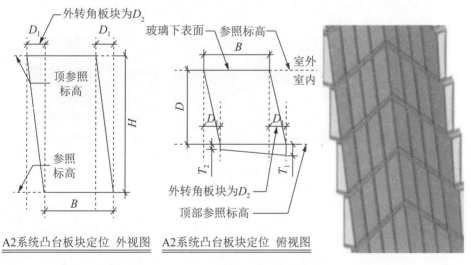

A2系统凸台板块定位 外视图　A2系统凸台板块定位 俯视图

图 7-4　上海中心大厦幕墙 LOD400 模型

　　LOD400的模型包括构件的尺寸、孔位等加工数据。通过BIM 技术生成加工模型，提取加工数据输入数控机床，这就大大地减少了深化设计人员的数量。如果采用传统的深化设计手段，至少投入50～80人的设计队伍，而利用BIM技术后，不到30人就能够满足项目进度需求。在Revit软件中，BIM幕墙设计师创建出标准单元板块族并载入项目模型中后，通过参数化驱动使得单元板块自适应，这就使创建19 317个不同的幕墙单元板块变得相对容易了。在BIM模型文件中输入各种幕墙信息，包括厂家、色号、寿命、质保等，这就为以后的运维提供数据基础。将Revit模型导入Navisworks软件中进行BIM管理，主要包括碰撞检测、5D模拟、效果对比、幕墙优化等。❶

加工精度是单元幕墙使用BIM技术的控制要点。其中主要有两个关键点：一是结合BIM与CAM，二是单元板块预拼装。单元板块的"钢牛腿"❷连接构件在上海中心大厦外幕墙中承担着重要的角色。每个单元板块有两个钢牛腿，由于上海中心大厦造型导致所有钢牛腿的尺寸都不相同，上海中心大厦外幕墙不同尺寸的钢牛腿数量达到了38 634个，如图7-5所示。

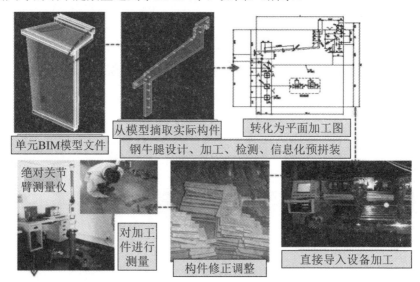

图 7-5　钢牛腿的制作流程

一个钢牛腿上就有40多个数据需要加工，这么多数据使用CAD图纸表达出来再由工人加工，效率极低且易出错。经过很多次的尝试，将BIM模型直接输入机床来自动加工，明显提升了效率，并且保证了钢牛腿的精度要求。BIM模型保证了信息过程的传递，只要增加电子签名和审核流程就能实现无纸化的质量控制，同时也给企业节约了大量的时间，节省了大量的劳动力。通过引入激光扫描仪及多关节臂测量仪等BIM设备对完成的构件进行快速复测，生成实际的加工模型，并将实际模型与理论模型根据单元幕墙工艺要求进行拼装来控制

---

❶　康炳泰.浅谈BIM技术在幕墙工程中的应用[J].城市建设理论研究（电子版），2016（11）：5412.

❷　牛腿，是梁托的别名，它是混合结构中梁下面的一块支撑物。钢牛腿是钢材质的梁托，它的作用是将梁支座的力分散传递给下面的承重物，因为一面集中力太大，容易压坏墙体。

构件加工的精度，实现幕墙单元板块的预拼装。

（三）BIM 在幕墙施工阶段的应用

虽然利用BIM技术使幕墙单元板块的加工制造难点在工厂内得到了解决，但现场施工环境仍然是上海中心大厦外幕墙项目的重难点部分。为了解决施工现场各个专业的交叉施工、进度控制、现场单元堆放等一系列问题，在BIM模型中输入进度计划，对项目进行模拟施工，如图7-6所示。

图 7-6 幕墙 4D 模拟施工过程

通过施工模拟能够清楚地对施工方案进行分析。在钢结构空间中，如何能够准确地安装每一块单元板块，是上海中心大厦的一个难题。为解决这一难题，某企业专门设计制作了一种"双层吊篮"系统。为了能够有效地工作，该系统采用BIM技术进行设计安装，通过建模，将"双层吊篮"载入项目模型中，来分析其行程和幕墙的匹配度。

三、效果分析

和传统方式相比，上海中心大厦利用BIM技术，提升了效率，节约了成本，保证了施工质量，尤其是在进度控制方面，避免了因安装顺序出错、施工方案不明确等导致的进度偏差。上海中心大厦BIM技术运用成果具体如下。

①缩短工期，加快进度，提高质量，降低成本，提供项目运维基础。

②消除50%预算外更改。

③造价估算控制在2%的范围。

④造价估算耗费时间减少60%。

⑤通过发现和解决冲突，减少造价损失12%。

⑥项目工期缩短10%，尽早实现项目回报。

上海中心大厦工程的BIM模型效果图与实际效果图的对比如图7-7与图7-8所示。

外层幕墙　　　　　幕墙支撑结构　　　　　内层幕墙

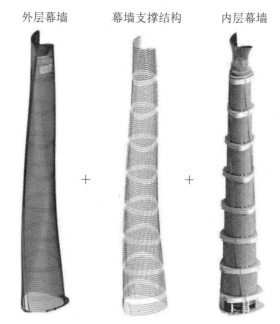

（a）整体 BIM 模型效果

外幕墙

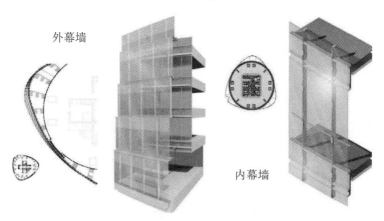

内幕墙

（b）局部 BIM 模型效果

图 7-7　上海中心大厦工程的 BIM 模型效果图

（a）大厦外部效果图

（b）大厦内部效果图

图 7-8　上海中心大厦工程的实际效果图

第二节　道路工程中 BIM 技术的应用

道路工程建设过程中存在牵扯专业众多、空间结构复杂等困难，而BIM技术可以将多个模块、多个功能融合，在方案比选、空间关系碰撞以及最后效果展示等方面有着独一无二的优势。由此可见，BIM技术应用于道路工程的发展前景广阔。本节以BIM技术在苏锡常南部高速公路雪堰枢纽段的应用为例，对其技术和效果进行介绍。

一、工程信息

苏锡常南部高速公路在前黄镇南侧依次跨越锡溧漕河改线段、常漕公路以及新长铁路，在南宅镇南侧与青洋路交叉，设置武进南互通，至潘家镇北与锡宜高速公路交叉，设置雪堰枢纽。

二、过程分析

（一）设计方案比选

在初步设计阶段，主要是进行方案比选和工程量估算。在传统的二维设计方法中，设计人员往往需要完成整个设计才能判断程序的优劣，通常致使项目周期变长。在这一环节，设计人员利用基于BIM技术的道路信息模型进行道路三维设计，可以快速、直观、精确地判断雪堰枢纽不同方案与周边地形地物的位置关系，避免对其不利的影响，快速排除不合理的方案；还可以快速计算工程量，辅助决策，选择最优方案。

（二）桥梁三维参数化设计

在初步设计阶段，利用Revit软件将雪堰枢纽主线桥、匝道桥的构件族的结构形式、材料、属性等基础数据建立完善的信息族库，为后期施工图设计、施工过程和运维阶段搭建可协同、可扩展的构件族基础。采用三维参数化设计，加快建模速度和工程量统计精度，在短时间内提供更多的比选方案，提高方案设计效率和质量。雪堰枢纽的桥梁三维参数化设计模型如图7-9所示。❶

---

❶ 李璞.市政道路工程中 BIM 技术的应用研究 [J].建材发展导向，2019（3）：222.

（a）雪堰枢纽桥梁上部结构模型

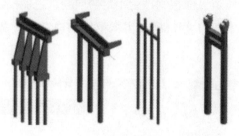

（b）雪堰枢纽桥梁下部结构模型

（c）雪堰枢纽桥梁组建模拟

（d）雪堰枢纽 BIM 模型渲染

图 7-9　雪堰枢纽的桥梁三维参数化设计模型

（三）净空核查及优化设计

传统的净空核查需要人工一一核查交叉点，由于枢纽式立体交叉匝道交叉穿越关系复杂，核查工作量大且容易出错。此外，为避免净空不足，设计时往往富余较多，导致工程规模偏大。利用 Navisworks 软件进行实时的净空核查，既能避免部分匝道纵面控制净空不足的问题，也能控制合理、经济的交叉关系，优化设计，控制工程规模。雪堰枢纽的净空核查及优化设计如图7-10所示。

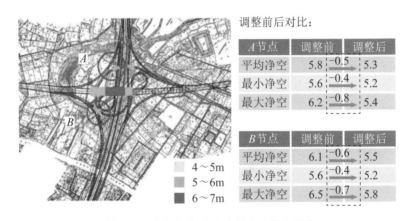

调整前后对比：

A节点	调整前		调整后
平均净空	5.8	-0.5	5.3
最小净空	5.6	-0.4	5.2
最大净空	6.2	-0.8	5.4

B节点	调整前		调整后
平均净空	6.1	-0.6	5.5
最小净空	5.6	-0.4	5.2
最大净空	6.5	-0.7	5.8

4～5m
5～6m
6～7m

图 7-10　雪堰枢纽的净空核查及优化设计

（四）安全性评价

枢纽设计中变速车道长度一般由规范中查表可得，而规范中规定的变速车道长度规定值仅是基于速度的计算成果，未与交通量及交通行为（车辆变换车道等）有效结合起来，造成许多互通式立交设计虽符合规范，实际运营时却易出现偏短的情况。在BIM设计模型的基础上，结合交通仿真，可以有效地在设计阶段模拟枢纽建成后的交通运营状况，得到满足实际需求的变速车道长度，提高道路运营的安全性。

枢纽中的视距是行车安全必须要满足的要求，在设计、运行中至关重要，尤其是匝道分、合流处，这需要对匝道分、合流处视距进行验算。传统的视距分析仅考虑了分、合流时平面的影响，而实际上，分、合流处匝道的高差也会带来重要影响，如不加以考虑，容易造成较大的安全隐患。而传统的二维设计方法，在这一方面显得较为乏力，缺乏有效而简便的判断方法。利用BIM三维设计，基于三维模型，通过对平、纵、横多方面视距分析，有利于方案优化，提高道路运营的安全性。雪堰枢纽的安全性评价如图7-11所示。

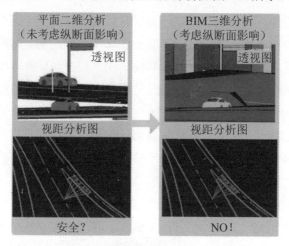

图 7-11　雪堰枢纽的安全性评价

（五）施工方案及交通组织推演

雪堰枢纽桥梁工程规模大，主线桥、匝道桥上跨、下穿层次关系复杂，且锡宜高速有远期八车道拓宽需求，情况复杂。传统设计中，只能凭借设计人员的经验，为远期拓宽和施工预留空间，而设计人员往往对施工流程及机械缺乏足够的了解，复杂情况下的设计方案存在不利于施工的风险。基于BIM设计模型，施工单位提前介入，通过利用Navisworks软件进行全枢纽施工过程推演，能够及时发现设计方案中不利于施工的问题，优化设计方案，合理规划施工顺序、优化桥梁施工方案，使得从设计到施工实现合理衔接，有利于缩短施工工期，降低施工成本。雪堰枢纽的施工方案及交通组织推演如图7-12所示。❶

图 7-12　雪堰枢纽的施工方案及交通组织推演

❶　林睿颖，金珊珊 .BIM 技术在道路工程中的应用 [J]. 交通世界（上旬刊），2019（6）：7-9.

（六）钢混叠合梁族库建立及可视化设计

雪堰枢纽中主线跨锡宜高速，钢混叠合梁主桥既是设计施工的重要工点，又是运维过程需要重点关注的节点和难点。在雪堰枢纽施工图设计阶段，基于构件的结构形式、材料、属性等基础数据，建立完善的信息族库，为施工阶段材料加工和运维阶段运维管理平台搭建可协同、可扩展的构件族基础。钢混叠合梁由于结构构件形状和尺寸多、空间位置复杂，传统的二维设计图纸表达和读取信息晦涩，耗时长，并容易出现错漏，采用可视化的三维BIM设计，可建立完整的钢混叠合梁空间模型，能够准确表达设计意图，提高施工阶段建设单位、施工单位、监理单位各方的工作和协调效率，缩短施工工期，提高施工质量。雪堰枢纽的钢混叠合梁可视化设计如图7-13所示。

图 7-13　雪堰枢纽的钢混叠合梁可视化设计

（七）钢混叠合梁结构空间碰撞检查

钢混叠合梁结构空间构件多而复杂，传统的设计图纸分散，容易出现错碰，影响施工质量和工期，采用Navisworks软件进行空间碰撞检查，所有结构构件均在一个模型表达，在设计过程中就能将施工过程中可能出现的问题暴露出来并解决，减少现场操作时的不确定性，从源头提高工程项目质量、减少设计变更、降低工程造价、缩短建设工期。雪堰枢纽的钢混叠合梁结构空间碰撞检查如图7-14所示。

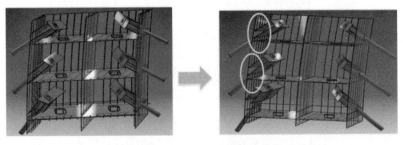

图 7-14　雪堰枢纽的钢混叠合梁结构空间碰撞检查

（八）叠合梁钢结构板件工程量计算

叠合梁钢结构板件单个构件体积小，构件种类多、总量大，传统的工程计算方法存在累计误差、容易遗漏、工作量大等弊端，采用BIM技术的工程量计算精度高、在设计过程中实时更新，提高了设计效率和质量，并减少施工过程中设计变更带来的各方人力、时间和材料成本的增加，有利于控制建设工期、成本和质量。雪堰枢纽的叠合梁钢结构板件工程量计算如图7-15所示。

序号	项目名称	计量单位	BIM工程量
1	钢结构	m³	870.7
2	叠合梁混凝土	m³	3 103.8
3	矩形墩	m³	84.2
4	盖梁	m³	154.9
5	承台	m³	1 265.1
6	桩基	m³	4 058.6

图 7-15　雪堰枢纽的叠合梁钢结构板件工程量计算

（九）桥梁预埋构件可视化交底

在传统道路工程设计方法中，桥梁结构的预埋件和预留孔洞分布在不同图册的多专业零散图纸中，二维设计图纸很难集中展现桥梁附属构造、预埋件的设置，容易造成遗漏和偏差。BIM技术可建立桥梁可视化施工交底模型，用于直观地展现桥梁结构在不同位置的预留孔洞和预埋件，提醒施工作业人员在每个周期内需要埋设的预埋件及管道，有效减少返工，节省工程成本。雪堰枢纽的桥梁预埋构件可视化交底如图7-16所示。

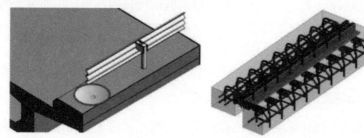

图 7-16　雪堰枢纽的桥梁预埋构件可视化交底

三、效果分析

根据本节内容分析可知，把BIM技术运用到高速公路设计阶段是可行的，不仅能保障设计质量，加快工程进度，节约成本，而且方便后续项目管理，具有良好的应用效益。苏锡常南部高速公路雪堰枢纽段BIM技术的运用成果具体如下。❶

①相对于二维设计成果，BIM模型可快速、直观地实现枢纽方案与桥梁方案的比选，从而择优选择设计方案。

②通过枢纽BIM模型，辅助插件，可逐桩与全方位核查枢纽中的视距，显著优于二维设计中视距核查方法，解决枢纽视距问题，保证枢纽内行车的安全性。

③通过BIM模型，可解决二维设计中经常出现的净空不足问题，且快速指导枢纽纵断面设计，从而节约工程投资。

④利用BIM进行三维设计，可以快速指导钢混叠合梁设计；后期还可以进一步进行工程量快速计算、枢纽建设施工推演、桥梁预埋件位置复核等，实现BIM模型设计与施工一体化。

第三节　医院工程中 BIM 技术的应用

BIM技术在医院工程中的应用不仅有利于设计人员优化设计，还有助于医院在直观的模型中提出更加合理的功能需求。通过这种有效的沟通方式，能够将建筑设计专业知识和医护专业需求相结合，使医院建筑的功能布局、装修效果、医疗流线设计更加人性化，从而提高医院建设的品质，提高患者的就医体验。本节以BIM技术在青岛市市立医院东院二期工程门诊住院楼工程的应用为例，对其技术和效果进行介绍。

一、工程信息

青岛市市立医院东院二期工程门诊住院楼工程位于青岛市市南区东海中路5号，是青岛市"十二五"重点规划卫生项目。工程设有保健特需医疗部及国际合作心脏中心两大主要功能，分设门诊住院病房及相关医技用房，旨在建成现代化、数字化、智能化、高效率的医院。

该工程为一类高层民用建筑，由三层地下室、五层裙房以及一栋塔楼组

---

❶　王胜霞.BIM 技术在道路工程中的应用 [J].甘肃科技纵横，2020（8）：63-65.

成，总建筑面积为86 838 m²，地下建筑面积为29 500 m²，地上建筑面积为57 338 m²。地下部分为三层，层高依次为：负三层5.0 m，负二层7.25 m，负一层为5.65 m。塔楼位于项目东侧，共15层，建筑总高度62.35 m。裙房位于项目西侧，共5层，层高依次为：1层4.8 m，2～5层4.5 m，建筑总高度22.8 m。建筑结构类型为框架剪力墙结构，最大跨度为11.0 m。❶

　　该工程的机电工程主要包括：生活给排水系统、污废水排水系统（含空调凝结水排水）、雨水排水系统、电气照明及动力系统、电梯系统、消防报警与联动、消火栓及喷淋系统、通风与空调系统、智能化系统。室外工程包括自来水、雨水、污水管网。该工程的建筑立面图如图7-17所示。

图 7-17　该工程的建筑立面图

二、施工点分析

　　青岛市市立医院东院二期工程门诊住院楼工程针对施工管理阶段的实际需求，运用BIM技术对工程进行深化设计、统筹管理。通过建立以BIM技术为基

❶　潘俊武，杜泽杭，鲁嘉.BIM 技术在医院建筑施工管理中的应用 [J]. 低温建筑技术，2021（4）：147-149，153.

础的信息模型，辅助设计、土建、安装的集成管理和数据共享，达到整个施工过程的可视化的目标，为该工程设计、土建、安装施工过程管理提供合理的、科学的管理方法和手段。在该工程中，BIM技术应用大体包括BIM深化建模、模型分析、方案优化和BIM工程管理应用等几个方面。

①强化设计协调，减少因图纸问题导致的工程变更，提高生产效率和工程质量。

②提高施工单位生产进度和管理能力。

③提高工程施工现场方案的可行性、科学性和合理性。

④实现对施工现场质量、安全问题跟踪整改的直观记录。

⑤实现云平台对施工场区的管控。

具体而言，青岛市市立医院二期工程施工阶段BIM技术运用范围如表7-1所示。

表 7-1　青岛市市立医院二期工程施工阶段 BIM 技术运用范围

应用点	详细描述
技术层面	
机电深化（A1）	三维设计较于二维设计在于能够形象展示设计实体，不仅可以真实反映设计意图，而且可以提前发现设计缺陷，即二维图纸中可能存在影响施工进度及成本的潜在矛盾，通过模型间的碰撞检测，提前发现管线在设计中的错误、不足之处，并进行方案的优化，提高深化设计的效率和质量。同时在预留、预埋阶段，指导现场在主体结构上准确预留洞口、套管，避免后期开洞对主体结构的影响
钢结构深化（A2）	钢结构是指主要由钢制材料组成的结构，是主要的建筑结构类型之一。结构主要由型钢和钢板等制成的钢梁、钢柱、钢桁架等构件组成，各构件或部件之间通常采用焊缝、螺栓或铆钉等方式连接。利用软件 TEKLA 等可进行钢结构复杂节点排布，如对钢筋与钢梁、钢柱的交叉碰撞情况进行深化设计，并输出相应深化设计图纸等指导现场施工
幕墙深化（A3）	幕墙是指结构主要由面板和支撑体系构成，本身有一定变形能力，不承担主体结构所受作用，且相对主体结构有一定位移能力的建筑外围护结构或装饰性结构。可利用 REVIT 等设计软件对于整幢建筑的幕墙中的收口部位进行细化补充设计，并完善局部地方存在的不安全或者不合理地方，并出具幕墙主次龙骨排布、嵌板排布、幕墙排布等深化图纸
二次结构（A4）	通过三维模型直接进行砌体墙等二次结构的精细排布，并完成工程量统计、排砖图输出，直接现场指导工人施工

应用点	详细描述
模架深化（A5）	进行项目模板脚手架专项设计、材料用量计算、施工交底等，利用自动模板脚手架排布功能，得出精确的工程量，输出模板脚手架施工详图，自动进行安全规范计算，得出三维排布模型
精装修深化（A6）	利用广联达软件进行精装修模型的绘制，以模拟出精装修施工完成后的房间效果，便于精装方案的确定、保证施工质量。同时，通过对模型进行渲染，房间内家具、设备进行布置，可以给业主提供装修完成后直观的感受
竣工模型（A7）	在施工完成后，结合施工阶段的各项变更，完善修改原 BIM 模型，最终形成与建筑实体相同的模型，为后期的运维提供帮助
生产进度管理层面	
场地模拟（B1）	模拟现场各阶段的临建场地布置，及时发现场平布置不合理之处并进行修改。同时，用三维动画漫游的方式，替代实地参观
进度优化（B2）	利用 BIM5D 软件进行施工进度模拟，查看大工序模拟、各专业穿插、流水施工等情况，分析进度安排是否符合要求、具有合理性
模型动画交底（B3）	用三维动画模拟形式，代替传统样板间的实物交底，在交底过程中，形象展示施工工艺和工序，动画配合文字，形象可视化，方便工人了解工序穿插要求、技术难点等
进度例会分析（B4）	利用 BIM5D 进行施工模拟，结合施工工作面和现场实际进度，进行施工进度分析，查看当前各流水段、工作面的任务状态，快速了解现场进度情况
甲方汇报（B5）	利用 BIM5D 进行施工模拟，结合施工工作面和现场实际进度，进行施工进度分析，查看当前任务状态，让甲方快速了解现场的实际进度情况，提高沟通效率
变更管理（B6）	记录梳理变更通知单及完成各个专业版本的模型维护工作
工况分析（B7）	分析里程碑事件节点工况的场地、在场机械、流水段、工作面的合理性，辅助完成相应计划的准备工作
商务应用层面	
材料需用计划复核（C1）	每季、月、周初分析当期物资供给情况，保证材料、资源配备的准确性
分包单位限额领料（C2）	依据模型提供准确工程量，对各分包进行限额领料控制，校核材料计划
期末物资对比（C3）	根据实际工作需求利用 BIM5D 提供当前资源预算量，与材料管理系统对比

应用点	详细描述
合约规划与三算对比（C4）	对所需分包工程进行资源拆解，完成分包合同的前期成本策划；并在施工过程中进行现场三算对比（包含中标、成本和实际的盈亏与节超分析）
质量、安全层面	
质量安全协同（D1）	利用手机端完成进度、质量问题、安全问题的采集，通过 Web 端在进度例会中进行分析、跟踪

三、模型展示

（一）三维布场

在工程前期策划中，使用广联达软件建立工程三维布置图，模拟现场平面布置，使现场平面布置得科学、合理、紧凑，如图 7-18 所示。

图 7-18　三维现场布置建模

（二）进度模拟

项目部利用BIM软件在施工开始前对整体的施工过程进行了模拟，展示了整个工程的施工进度，同时复核了整体工期进度的合理性。在施工过程中，项目部人员每天录入实际施工进度情况，形成计划—实际进度对比，跟踪进度提前或滞后情况，以便及时调整项目安排。

（三）坡道预留方案

进行土方坡道预留时，使用广联达软件进行预留坡道方案模拟、方量核算，为坡道变换、收坡提供了有力依据。土方最终坡道方案如图7-19所示。

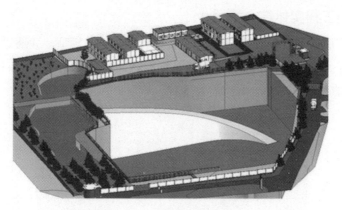

图 7-19 土方最终坡道方案

（四）抗浮锚杆平面布置

该工程抗浮锚杆总数约2 200根，间距均为1 500 cm×1 600 cm。该分项施工前，首先对抗浮锚杆钢筋进行深化设计，然后根据设计结果通过BIM建模，使用BIM5D平台进行了平面布置，优化了后续施工（如钢筋绑扎）等人流、物流的通行路线。❶

（五）抗浮锚杆节点防水工艺模拟

该工程抗浮锚杆节点防水按照设计要求，需分四步进行。鉴于首次使用该防水技术，为保证节点防水施工质量，项目部分使用广联达软件对节点防水进行模型模拟、动画模拟，并对工人进行了技术交底，以保证节点防水100%合格。抗浮锚杆节点防水工艺模拟如图7-20所示。

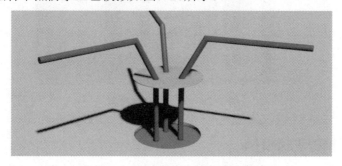

图 7-20 抗浮锚杆节点防水工艺模拟

---

❶ 孙培珊，陈苏妍，于浩淼，等.BIM 技术在医院建筑设计阶段的应用研究［J］.中国医院建筑与装备，2021（2）：82-84.

（六）工程实体综合模拟

利用广联达预算软件建立了土建及安装专业三维模型，并通过 BIM5D 管理平台进行了整合，形象展示拟建建筑物整体及细部构造。工程实体综合模拟如图 7-21 所示。

图 7-21　工程实体综合模拟

（七）专业间碰撞检测

利用 Navisworks 软件进行各专业间碰撞检测，发现潜在问题，从而避免返工，降低工程成本，间接确保工程工期。专业间碰撞检测如图 7-22 所示。

图 7-22　专业间碰撞检测

（八）模板支撑模拟

该工程存在多处高大模版区域。项目部首先利用BIM模型自动检查高大模板区域，然后利用BIM软件自动排布模板支撑体系并进行安全校核，在确保安全可靠的基础上，形象展示了模板支撑体系的各细部节点及整体构造。这样一来，不仅有效提高了方案编制的工作效率，同时向作业人员形象展示了模板支撑体系的构造。

（九）复杂钢筋排布模拟

该工程积水坑、电梯井坑以及地下室梁柱节点钢筋排布密集，特别是积水坑、电梯坑处除受力筋外，加上钢筋马凳，其施工难度可想而知。因此项目通过施工TEKLA软件对梁柱节点及积水坑部位的钢筋及马凳进行排布，通过排布使得项目部管理人员增强对现场的把控要点，通过三维模拟对作业人员进行交底，使得作业人员提前了解施工先后顺序，避免出现返工情况。

（十）二次结构施工模拟

二次结构施工前，首先使用广联达软件建立BIM模型，形象展示二次结构排砖分布及其成型质量，如图7-23所示。在此基础上，使用3Dmax等软件，形成动画，分层展示其施工工艺，用于现场交底，明确其质量控制要点。

（a）排砖分布

（b）成型模拟

图 7-23　二次结构排砖分布和成型模拟

（十一）外墙保温施工模拟

外墙保温未开始前，项目部BIM工作人员已根据图纸设计内容，依据规范及图集进行了外墙保温施工的模型建立及工艺模拟，为下一步外墙保温施工质量控制奠定了理论基础，如图7-24所示。

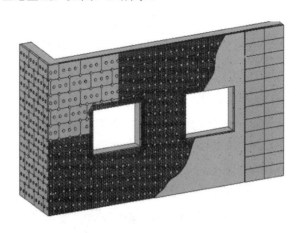

图 7-24　外墙保温施工模拟

四、效果分析

与传统施工工艺相比，此次工程标准层（6～15层）的材料用量在节约材料方面成果显著，取得了较好的社会效益和经济效益。❶

（一）经济效益

传统施工工艺每层模板配套面积为2 700 m²；采用BIM软件设计后实际模板配套面积为2 550 m²，每个楼层节约模板面积150 m²，标准层6～15层共节约模板1 500 m²，实际节约材料费用共计65元/m²×1 500 m²=97 500（元）。

（二）社会效益

采用BIM模板设计软件优化方案后，模板投入量相较于传统工艺节约了5.8%，从而避免了传统工艺下材料投入过多的问题，减少了不必要的材料浪费，在节材与材料资源利用方面成效显著。此外，采用BIM软件优化方案和现场指导施工，不仅在从施工配模到模板安装等一系列工序节约了时间，还有效

---

❶　王瑶蓁.BIM技术在医院建筑施工中的应用研究［J］.建筑工程技术与设计，2021（11）：935.

避免了施工错误，减少了返工现象，对提高工程施工效率，缩短工期提供了很大的帮助。

第四节　住宅工程中 BIM 技术的应用

住宅建筑设计在房屋建设领域中是一项重要的内容，这主要是因为住宅是居民生活的必需品，是人们赖以生存和提高幸福指数的基础。正因如此，人们才会对住宅质量提出多方位的、更高的要求。而且，随着建筑施工技术的提升和发展，住宅设计单位必然要从住户的需求出发，合理利用现代住宅设计技术对住宅建筑的钢结构等进行合理的设计。由此可见，对BIM技术在住宅工程中的应用展开分析和讨论具有重要的发展意义。本节以BIM技术在湖州市某住宅楼工程的应用为例，对其技术和效果进行介绍。

一、工程信息

该工程位于浙江省湖州市，总用地面积155 855 m^2，总建筑面积70 800 m^2，其中有多层洋房（每套140 m^2）、联排别墅（每套300 m^2或140 m^2），层数为二层、三层和六层。结构设计使用年限为50年，标准设防类，抗震设防烈度为6度，设计基本地震加速度值为0.05 g，设计地震分组为第一组，抗震等级为四级，基本风压为0.45 kN/m^2，基本雪压为0.45 kN/m^2。

与传统低层建筑相比，该建筑采用木丝水泥墙板结构，具有施工现场干净无灰尘、施工速度快、受气候条件制约小、节省劳动力、提高建筑质量等优点。并且应用BIM技术以及相应的辅助软件可有效解决技术难题，保证工程顺利有序高效地进行。此外，该建筑为装配式建筑。

二、设计阶段分析

（一）标准化设计

"少规格，多组合"是装配式建筑设计的重要原则，而预制构件标准化和统一化，可减少构件的规格种类和增加构件重复率，有利于节约设计人员的时间。住房城乡建设部发布行业标准《装配式住宅建筑设计标准》（JGJ/T 398—

2017）指出，住宅设计标准化体现在建筑设计、建筑结构体与主体部件、建筑内装体与内装部品、围护结构、设备及管线等方面。❶

1.建筑设计

装配式建筑设计标准化体现在户型功能模块标准化、建筑外立面标准化、建筑部件标准化三方面。本项目建筑风格较为特殊，屋顶形态从山水画中获得灵感和元素，设计中添加江南水乡韵味，保留文化特征并充满原生态气质。结合江南水乡的规划理念，建筑整体布局上为南北向建筑，形成灵活、错落有致的布局形态。某住宅楼三维组团效果如图7-25所示。

图 7-25　某住宅楼三维组团效果

以259 m²单体别墅为例，该建筑采用坡屋顶，共三层（局部两层），坡屋顶坡度20°。考虑木丝水泥预制保温板模数要求，层高设置为3.4 m，通过Revit软件建立三维立体模型，如图7-26所示。

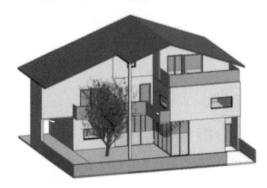

图 7-26　259 m² 单体别墅三维模型

---

❶ 周志浩.谈 BIM 技术在住宅小区（群体）工程施工中的应用 [J].现代物业（新建设），2020（4）：164.

Revit软件可详细展示预制构件的参数信息，如墙体构件的墙板尺寸、材料构成以及定位信息等。工程中楼板采用免拆模保温板作为底板，上层绑扎钢筋，钢筋采用固定座固定，浇筑混凝土形成混凝土楼板。楼板绘制输入具体材质、厚度等信息。

装配式建筑由部品部件组成，统计构件数量是一件烦琐的任务。Revit软件具有明细表功能，构件在明细表中显示的信息与各画图页面和视图实时联动，改变图中的设计信息时，明细表随之自动更新，并且明细表能准确定位到模型图中某一构件，直观准确。两者相互关联会大大提高设计效率与设计精度。门窗明细表如图7-27、图7-28所示。

\<门明细表\>					
A	B	C	D	E	F
类型	族与类型	宽度	高度	面积	合计
WM1622	中式双扇门5：WM1622	1 600	2 250	3.60	1
1				3.60	
NM0821	单嵌板木门10：NM0821	750	2 100	9.45	6
6				9.45	
NM0921	单嵌板木门10：NM0921	850	2 100	7.14	4
4				7.14	
NM0618	单扇-与墙齐：NM0618	600	1 800	1.08	1
1				1.08	
WM1123	单扇-与墙齐：WM1123	1 050	2 300	7.25	3
3				7.25	
WM1521	双扇推拉门5：WM1521	1 500	2 100	6.30	2
2				6.30	
NM1221	双面嵌板木门7：NM122	1 200	2 100	2.52	1
1				2.52	
WM1821	玻璃推拉门：WM1821	1 800	2 150	7.74	2
2				7.74	
总计：20				45.08	

图 7-27　门明细表

本工程属于装配式建筑试点项目，采用精装修的建筑模式，装修与设计统一，可解决后期冲突问题。在建筑模型设计阶段，Revit软件可实现设计同步，并添加机械设备、家具、厨具等部品部件，如图7-29所示。其中，业主可直接通过三维视图观看设计效果，方便与设计师沟通，使设计效率大大提高。

〈窗明细表〉					
A	B	C	D	E	F
类型	族与类型	宽度	高度	面积	合计
C0614	单扇平开窗1-带贴面	600	1 400	2.52	3
3				2.52	3
C0712	单扇平开窗1-带贴面	700	1 200	6.72	8
8				6.72	8
C0716	单扇平开窗1-带贴面	700	1 600	2.24	2
2				2.24	2
C0712	固定：C0712	700	1 200	2.52	3
3				2.52	3
C1209	固定：C1209	1 200	900	5.40	5
5				5.40	5
C1814	平开窗_单层两扇：C1	1 800	1 400	7.56	3
3				7.56	3
C1816	平开窗_单层两扇：C1	1 800	1 595	5.74	2
2				5.74	2
总计：26				32.70	26

图 7-28　窗明细表

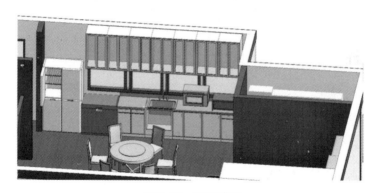

图 7-29　精装模型

2. 结构设计

依据国家现行建筑结构设计规范、规程以及参照《木丝水泥板应用技术规程》（JGJ/T 377—2016），该建筑采用PKPM进行结构验算，结构框架柱采用L型和一字型，局部采用方柱，梁采用高为400 mm、宽为200 mm的矩形梁。❶

本建筑结构体系中的梁柱在工厂预制（钢筋等在钢厂绑扎），现场浇筑混

---

❶ 金文，吴哲.BIM技术在预制装配式住宅工程中的应用 [J].建筑施工，2017（12）：1836-1838.

凝土，建筑结构做法如表7-2所示。

表 7-2 建筑结构做法

结构形式	新型低层混凝土结构
柱梁	20 厚的木丝水泥免拆保温板 + 现场浇筑混凝土
楼面	20 厚的木丝水泥免拆保温板 +120 厚的现浇混凝土
屋面	20 厚的木丝水泥免拆保温板 +100 厚的现浇混凝土
外墙	220 厚的木丝水泥板 +10 厚的装饰面
内墙	150 厚的木丝水泥板 + 10 厚的装饰面
基础	筏板基础

在Revit软件中通过建立建筑结构模型，将预制构件的相关信息输入模型后，形成预制构件库，再进行构件组拼，完成结构设计。

3. 拆分设计

拆分设计是指在考虑构件的特点和受力情况的基础上，将装配式建筑拆分为构件单元。拆分设计是装配式建筑项目的核心环节。到目前为止，构件拆分的标准规范不健全，其拆分方法五花八门，多根据工程结构特点及甲方要求，应用BIM技术将模型进行构件拆分设计。拆分可根据构件快速方便生产、运输尺寸、吊装重量、模数化、省材省时而部品部件模型完整、节点安装便捷的目的去实施。设计方可按照装配式建筑国家相关标准规范进行手动拆分，标准规范包括《预制钢筋混凝土阳台板空调板及女儿墙》（15G368—1）、《装配式混凝土建筑技术标准》（GB/T 51231—2016）、《桁架钢筋混凝土叠合板（60 mm厚底板）》（15G366—1）等各部品部件图集。❶

结构设计完成后，在Revit软件中使用BeePC插件进行墙、板、楼梯等预制构件拆分和深化设计。由于木丝水泥板的生产工艺与模具特点，成品幅面尺寸为建筑模数300 mm的倍数，标准高度为3 000 mm，长度幅面为6 000 mm，可按需裁减，节约木丝水泥板用量。木丝水泥预制保温墙板拆分原则如下。

①轴距不足6 000 mm按轴网拆分。

②轴距超过6 000 mm，若含门，拆分部位距离门300 mm；若不含门，则按照300 mm的倍数拆分。

---

❶ 梁耸.BIM 技术在某住宅工程施工进度管理中应用 [J].住宅与房地产，2019（12）：101.

③拆分时，窗洞口距板侧边距离≥600 mm。

根据上述拆分原则，图7-30所示给出了木丝水泥预制保温墙板拆分图，共拆分为44块墙板，需6 000 mm×3 000 mm×220 mm的木丝水泥预制保温墙板24块，板缝宽度为25 mm。

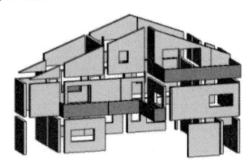

图 7-30　木丝水泥预制保温墙板拆分图

根据木丝水泥预制保温墙板的特性和节省材料的要求拆分模型，可在工厂中直接安装窗户。一层墙板拼接图如图7-31所示。在构件拆分深化中，保证木丝水泥预制保温墙板物尽其用，以节材节料。墙板开窗在工厂预制，直接运输到施工现场，门采用余料进行拼接如图7-32所示。

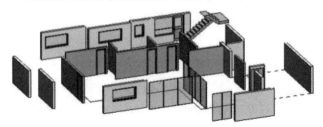

图 7-31　一层墙板拼接图

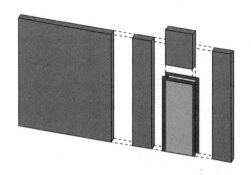

图 7-32　门拼接图

按上述拆分方法，本单体别墅构件种类共六种，预制构件共194块，应用
BIM技术能清晰可见构件的全部数量信息，如表7-3所示。为避免在模型建立
阶段重复工作，Revit软件可建立构件库，有利于预制构件的管理及变更。

表7-3　构件数量统计表

序号	构件	数量
1	木丝水泥预制保温外墙板	45
2	木丝水泥预制保温内墙板	18
3	免拆楼板	31
4	免拆木板柱	43
5	免拆模板梁	57

（二）多阶段协同深化设计

多阶段协同深化设计在装配式建筑中同样占有重点地位，专业间的良好沟
通、及时变更，各阶段的信息互通，能大大提高施工效率，节约成本，加快工
程进程。BIM及相关软件可以很好地完成装配式建筑多阶段协同深化设计，并
推动装配式建筑的发展。

1. 预制构件深化

本模型预制构件深化是指，在BIM平台中根据专业设计院所设计的建筑、
结构、机电、精装等图纸，拆分出预制构件合理的专业图纸。木丝水泥预制保
温墙板模型如图7-33所示。

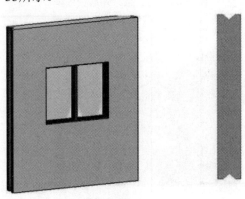

（a）Revit 三维模型　　　（b）俯视图

图 7-33　木丝水泥预制保温墙板模型

2. 节点深化

装配式混凝土结构建筑构件之间节点连接较多，它既是施工单位的重点、难点，也是设计单位的重点、难点，包括预制构件连接节点的处理、图纸中展现形式、钢筋配置与绑扎形式等。节点设计可以为后续的深化设计打下基础，而深化设计关系到构件生产厂商生产和现场施工安装工艺的问题。设计阶段，难免出现预制构件与现浇部位的连接碰撞、尺寸信息有误、构件定位不准确和钢筋难以绑扎等难以预测的问题。本别墅结构中木丝水泥板与现浇连接部位的钢筋搭接复杂，通过建立三维BIM模型对柱、梁、外墙板部位进行了展示，如图7-34所示。节点模型如图7-35所示。❶

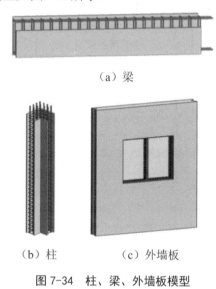

（a）梁

（b）柱　　　（c）外墙板

图 7-34　柱、梁、外墙板模型

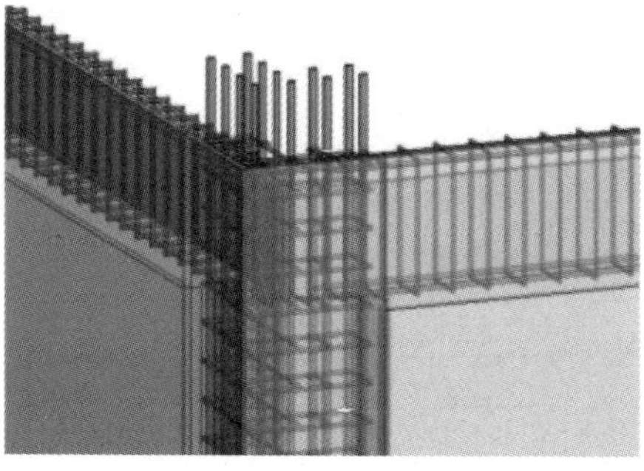

图 7-35　节点模型

❶ 陈翠琼.BIM 技术在某住宅工程施工进度管理中应用 [J]. 福建建筑，2018（11）：38-41.

柱、梁均在钢厂绑扎好钢筋，然后固定在木丝水泥免拆模保温板；而木丝水泥预制保温墙板在木丝水泥板生产厂直接在洞口上安装门窗部品部件，再运输到现场。

三、生产阶段分析

随着技术的发展，生产方式的转变，装配式建筑实现了构件的机械化、智能化生产。装配式建筑施工的主要方式由现场露天转变为工厂加工构件并到现场装配吊装，不仅避免了天气环境等因素对混凝土养护的影响，还使施工过程中钢筋绑扎错误的问题减少，极大地提升了构件生产质量。构件生产阶段是装配式建筑的关键步骤，科学合理地进行构件生产显得尤为重要。构件的生产管理系统如图7-36所示。以构件的生产信息数据（包括构件加工图、构件BIM模型、构件编码信息等）为基础，通过生产管理系统对构件的生产过程进行有效管理。根据构件生产信息，结合生产工艺，可制订物料需求计划和采购计划，经供应商采购的物料进入库存；构件生产单位依据施工进度计划和生产能力等信息制订生产计划，并对接生产车间，生产车间利用构件生产信息（构件详图等）进行构件生产，生产的构件经过库存、出库、现场装配等环节进入施工现场。在这个过程中，可结合RFID物联网体系进行合理的生产计划和运输计划制订。

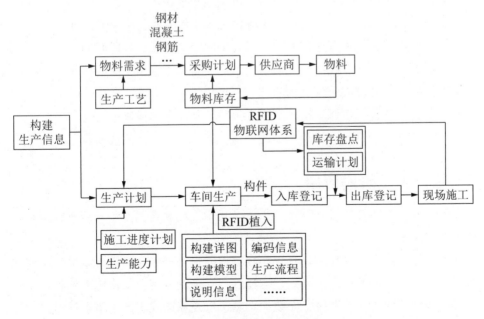

图 7-36　构件的生产管理系统

在构件安装阶段以及运维阶段，采用RFID编码技术，对装配式建筑中预制构件进行统一编码，形成二维码标签，并贴到构件明显位置。在施工现场中，利用移动设备查看构件的基本信息（楼层编号、ID、尺寸、材质等）、生产质量的追溯性记录、安装三维视频以及生命周期状态（生产阶段、堆场位置、安装情况、运维状态）。此外，还可读取各个环节相应的数据，实现构件从生产、堆放、运输以及安装的全过程追踪定位和质量管理。

早期，木丝水泥预制保温墙板采用人工与机械相结合的半自动铺装方式，2010年泛亚集团开发了全自动大型木丝水泥墙板构件生产线。生产流程具体如下。

①木材管理：将圆木有序地堆放在厂房外侧空地上。

②生产木屑：圆木在工位上被飞锯切开，放到连续运行的模具中，形成木屑，并传送到下一个工位。

③混合物制备：木屑经过化学浸泡。

④形成第一层：水泥作为交联剂，与经过化学浸泡的木屑充分混合、压实。

⑤模具分离：待第一层完全硬化，模具与实体分开存放。

⑥插入起重带：在第一层墙体上铺放预埋起重带。

⑦形成第二层：在第一层墙体上继续铺放水泥木丝混合材料压实。

⑧第一次静置：将压实后的墙体移动到固定位置平放一段时间。

⑨将整模返回生产线：压实的木丝水泥墙体重新放回生产线传输。

⑩脱模：将墙体内的模具拆除。

⑪第二次静置：墙体再次放到固定位置，竖向方向静置。

⑫CNC切割和铣削：将放置后的墙体打磨、修剪并切割成型。

四、施工阶段应用

本项目木丝水泥板较为特殊，采用了建筑外墙板自动安装系统进行吊装，如图7-37所示。

利用条码自动识别技术，可以实现墙板的自动安装。建筑外墙板自动安装系统是便于将装饰板材送至高处、运输过程安全的专用自动化施工设备，由竖向支承系统、横向支承系统、安装托架总承以及移动式辅助小吊机等组成。竖向支承系统由格构式塔架、竖向传动齿条和轮滚式移动机构等组成。横向支承

图 7-37　建筑外墙板自动安装系统

系统由桁架式横梁、导向机构、传动及减速制动机构等组成。横向支承系统可以沿竖向塔架做上下移动。安装托架总承由横移机构、纵移机构、旋转机构、动力包、支承架、托架、调垂机构、顶推千斤顶、自动卡具等组成。整个安装托架由横移机构悬挂在横梁下弦，可沿横梁横移，沿纵移机构纵移，并可通过旋转机构旋转。整个安装系统结合BIM建筑信息模型和条码自动识别技术可实现墙板的自动安装。

木丝水泥预制外墙板密度在350 kg/m³以上，含水率为25%，根据墙板要求不同，木丝与水泥的比例为1：1～1：3不等。建筑外墙板安装工艺步骤如图7-38所示。

①安装系统：在地面安装移动轨道及外墙板自动安装系统，利用折臂小吊机将两个塔架逐层加高至屋顶。

②塔架较高时，设置附墙，确保竖向支承塔架的稳定性。

③墙板堆放在塔架之间的地面上，自动安装系统下降至地面，在托架和液压卡具的配合下，抓取一块墙板，扫取条码上安装定位信息，自动移位到安装位置。墙板安装顺序从顶层向下逐层安装。

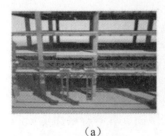
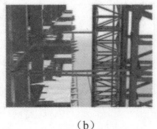

（a）　　　　　　　　　（b）　　　　　　　　　（c）

图 7-38　建筑外墙板安装工艺步骤

以下对施工阶段应用BIM技术的场地布置、施工模拟及施工管理进行介绍。

（一）场地布置

场地布置是施工阶段的重点工作，利用BIM技术可合理安排施工区、构件存放区、办公区和宿舍区的位置，有利于减少资源浪费。利用BIM技术可对施工场地进行施工组织建模，并优化场地布置，选择最优布置方案，如图7-39所示。该项目群体建筑比较多且同时施工，构件堆放与吊装成为影响施工进度的重要因素。为方便管理，施工现场布置分为施工生产区和办公生活区两部分，并进行分区管理。施工区以材料加工、构件堆放，以及木工棚、水泥库为主。办公生活区是现场施工管理人员的办公室、会议室及施工人员的生活用房。由于项目实际所在地多河流、道路窄，存在一定的施工组织困难，在Revit软件中可形象直观地查看场地布置的三维模型，及时发现并解决问题。

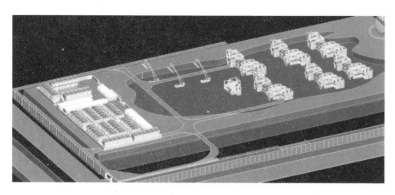

图 7-39　场地布置模型

（二）施工模拟

在本工程中，复杂节点的施工是施工过程的重点、难点。应用BIM软件模拟构件的吊装顺序，确保构件安装的顺利进行，解决了二次搬运的问题；进行三维施工模拟，发现并解决其中的问题，方便后续工序的顺利进行；对该项目施工人员进行三维技术交底，特殊节点和复杂的施工过程可以形象直观地展现在施工人员面前，从而解决一部分施工人员因对二维图纸理解有误而造成的返工问题，为加快施工进度提供强有力的技术保障。施工模拟过程如图7-40所示。

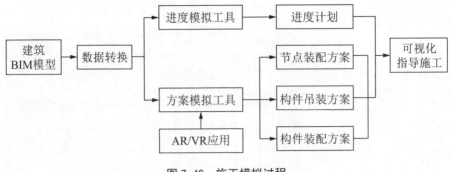

图 7-40　施工模拟过程

经过CAE分析迭代设计、碰撞检测迭代设计后的BIM建筑模型，可利用施工进度模拟软件和施工方案模拟工具进行进度模拟和方案模拟。通过进度模拟结果制订合理的建筑施工进度计划，该进度计划一方面可用于指导现场的施工过程，另一方面可以为构件的生产过程制订合理的生产计划。施工方案模拟可结合AR/VR等可视化技术，对建筑的施工过程进行提前预演，为关键施工过程（如节点施工方案、构件吊装方案、构件装配方案等）提供可视化指导依据。❶

（三）施工管理

施工速度快是装配式建筑的优点，而科学合理完善的施工进度计划是保证按时完成施工任务的关键。将Revit中的三维模型导入Navisworks软件中并添加时间信息，可使用Project软件编制施工进度计划表，与模型构件集合在一起，完成装配式建筑的4D管理。通过对比平台中的计划与实际施工进度，分析原因，研究对策，制定措施，及时调整，避免工期延误。平台中使用科学的施工组织给工程如期竣工提供了保障。本项目采用的施工管理平台的架构如图7-41所示。❷

---

❶　朱磊，陈英杰，王俊平，等.BIM技术在住宅建筑施工中的应用［J］.建筑技术开发，2020（1）：80-82.

❷　唐金铜，刘飞龙，李勇.BIM技术在高端住宅小区中的典型应用研究［J］.工程建设与设计，2017（4）：210-211.

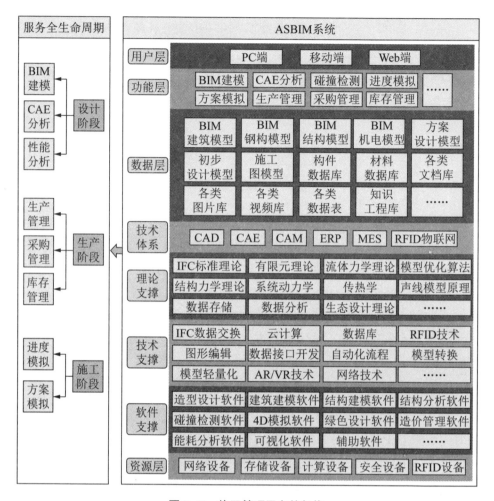

图 7-41　施工管理平台的架构

此平台的架构包含资源层、支撑层、数据层、功能层、用户层。资源层提供平台运行所需的设备设施，包括网络设备、存储设备、计算设备、安全设备、RFID相关设备等；支撑层包括软件支撑、技术支撑和理论支撑，给平台提供技术支持；数据层给平台提供数据支持，包括BIM数据库、外部数据等，主要分为结构化数据和非结构化数据；功能层提供了建筑工程建造过程中所需的各项功能，这些功能可以按照功能的应用阶段和功能类型分成几个模块；用户层是平台的访问途径和终端，包括PC端、移动端和Web端。

五、效果分析

通过本节的内容分析可以发现，BIM技术在建筑工程的预制构件领域有着良好的应用。具体表现为：通过BIM信息共享平台，可以实现预制构件建筑工程的多专业协同设计与多阶段协同深化，为后续工作打下良好基础，提高设计效率；通过BIM技术与RFID技术的结合，可以使预制构件生产过程更加完善，大幅节省时间，并便于管理；木丝水泥板生产技术与BIM平台的协同工作可以大幅加快施工进度，提高施工质量。

第八章　建筑工程管理中BIM 技术的应用前景

BIM系统为建筑工程的施工与管理提供了大量可供深加工和再利用的数据信息，有效管理利用这些海量信息和大数据，需要数据管理系统的支撑。同时，BIM各系统处理复杂工程所产生的大模型、大数据，对计算机的计算能力和海量数据存储能力提出了较高要求。项目分散、人员工作移动性强、现场环境复杂是制约施工行业信息化推广应用的主要原因，而随着信息技术和通信技术的发展，BIM技术最终将进入移动应用时代。

第一节　BIM 技术与 GIS 技术的集成

一、GIS 技术概述

（一）GIS 的概念

地理信息系统（Geographic Information System，简称GIS）是用于管理地理空间分布数据的计算机信息系统，以直观的地理图形方式获取、存储、管理、计算、分析和显示与地球表面位置相关的各种数据。完整的GIS主要由硬件系统、软件系统、数据、方法和人员五个部分组成。GIS是一门结合地理学、地图学、遥感和计算机科学的综合性学科，已经广泛地应用在不同领域。❶

---

❶　赵杏英，陈沉，杨礼国.BIM与GIS数据融合关键技术研究[J].大坝与安全，2019（2）：7-10.

（二）GIS 的应用领域

GIS技术经过数十年的发展，已成为多层次、多功能的区域综合与空间分析工具，广泛应用于各个领域。

1. 资源清查与管理

GIS最初就是起源于资源清查与管理，这是GIS应用最广泛且趋于成熟的应用领域。资源清查与管理包括土地资源、森林资源和矿产资源的清查、管理，土地利用规划等。

2. 城市规划与管理

应用GIS的数据处理和分析算法，如空间搜索算法、多信息叠加处理等功能，进行城市和区域的开发及规划，包括城镇总体规划、城市建设用地评价、城市环境质量评价、道路交通规划、公共设施配置等。

3. 环境监测与评价

运用GIS建立环境信息数据库，监测、管理与研究环境的变化、分析环境的影响因素、预报环境的变化趋势等。例如，森林环境及物种多样性的遥感监测、流域生态环境及景观格局的研究、湿地环境生态与地理分布研究等。

4. 灾害预警与损失评估

运用GIS进行森林火灾、干旱、土地沙化、地震、海啸等重大自然灾害信息管理，以及灾害评估、分析、预测、急救指挥等。例如，对于我国大兴安岭地区的研究，通过普查分析火灾实况，统计计算十几万个气象数据，从中筛选出气象要素、春秋两季植被生长情况和积雪覆盖等14个指标因子，建立数学模型，预报火险等级的准确率可达73%以上。

5. 政府政务信息管理与宏观决策

各级政府运用GIS空间分析功能及其拥有的庞大数据库，可以构建决策模型，模拟比较决策过程及相应决策带来的风险和效益，为各个层面的宏观决策提供依据。例如，在我国三峡地区研究中，通过应用GIS建立环境监测系统，为三峡工程的宏观决策提供了建库前后环境变化数量、速度和演变趋势等可靠数据。

6. 测绘和地图制图

利用GIS进行数字测绘，制作各种版本的数字地图、网络地图、电子地图、手机地图和车载地图等。

7. 交通工程设计与管理

运用GIS进行交通信号、道路拥堵状态、车辆监控、路面监测、城市公共交通以及公路、航空和铁路运输设计和管理。

二、BIM 技术与 GIS 技术的集成方法

目前，BIM与GIS集成的方法分为以下三大类。

（一）数据集成方法

数据集成是指在数据层面上打通BIM和GIS的数据关联。由于BIM和GIS的出发点不同，其数据差异大，难以通过简单的方式实现数据转换和集成。目前，主流的BIM与GIS数据集成方式有以下三种。

1. 将 GIS 数据集成到 BIM 中

由于BIM的语义信息比GIS丰富，这类方法一般采用扩展BIM（如IFC框架）的方式，使之支持GIS的显示拓扑表达、多层次模型等特性，实现GIS数据与BIM数据的集成。这种集成方式通常服务于宏观应用，如数字防灾、既有建筑节能分析等。

2. 将 BIM 数据集成至 GIS 中

建立BIM类与GIS类的映射关系，对于GIS不包含的IFC类型、属性和规则，扩展GIS相关类型，实现BIM与GIS数据集成。BIM向GIS映射时，需建立不同LOD的模型。这种集成方式通常服务于微观应用，如建筑物选址、室内导航等。一种可行的转换方式是通过唯一标识符关联IFC与CityGML。相对于IFC而言，CityGML对建筑的语义信息表达不够充分，可将BIM的几何信息转化到CityGML文件，并导入GIS中。而GIS所需的语义及属性信息可直接从BIM数据库中获取，或通过扩展CityCML，增加特定的属性来包含IFC文件中的语义信息。

3. 采用第三种或自定义模型架构集成 BIM 与 GIS 信息

采用语义网等方式，建立涵盖BIM和GIS全部信息的新信息模型，同时建立相应的映射关系，实现BIM与GIS信息的集成。这种方式最大的难点在于处理BIM与GIS同义异构的数据。这种方式由于采用自定义架构，一般数据互用性不佳。

（二）系统集成方法

系统集成是指在软件系统层面上实现集成，底层的BIM与GIS数据仍分开存储。这种方式相对数据集成成本低，比较利于推广应用。系统集成主要分为以下四类。

1. 基于数据库的系统集成

BIM与GIS物理上分开存储，但逻辑上统一集成和共享。一般会在BIM和GIS数据库上搭建接口平台层，实现BIM和GIS数据集成查询、提取、更新等操作。软件系统则在上述接口平台层上开发具体功能。

2. 基于网络服务的系统集成

BIM与GIS数据分开存储，通过网络服务（如Web Service）实现数据互用。这种集成方式需要为BIM数据库和GIS数据库分别编写相应的服务接口。软件可以直接针对上述接口开发相应功能，也可以在上述接口之上封装接口平台层后再开发具体功能。

3. 基于数据接口的系统集成

BIM与GIS软件单独开发，系统之间通过数据接口实现数据互通。这种集成方式需要BIM软件和GIS软件分别开发各自的数据接口。

4. 基于中性文件的系统集成

通过XML等中性文件形式实现数据共享。这种集成方式需要BIM和GIS各软件根据达成的交换协议，开发相应读取和导出文件接口。

（三）应用集成方法

应用集成是指BIM数据和GIS数据既不在数据级别集成，也不在系统之间共享，而是采用其他的方式进行信息交互，如电子或纸质的图纸和报告。这一级别的集成更多体现在整体应用流程上。应用集成是最松散的BIM与GIS集成策略，集成优势与前两种集成方式相比不明显，但成本最低。

三、BIM 技术与 GIS 技术集成的意义

（一）提高长线工程和大规模区域性工程的管理能力

BIM技术与GIS技术的集成应用，可有效提高长线工程、大规模区域性工程的BIM技术应用能力，拓宽BIM技术的应用范围。BIM技术的主要应用对象

往往是单个建（构）筑物，而利用GIS技术的宏观尺度上的功能，可以将BIM技术的应用范围扩展到道路、铁路、隧道、水电、港口等工程领域。例如，清华大学在邢汾高速公路项目上就成功开展了BIM技术和GIS技术的集成应用。利用BIM技术和GIS技术集成，建立多细度的BIM技术施工模型，实现了基于GIS技术的全线宏观管理、基于BIM技术的标段管理以及桥隧精细管理相结合的多层次施工管理。通过该项目，成功证明了BIM技术的应用范围完全可以覆盖长线工程。❶

（二）增强大规模公共设施的管理能力

BIM技术和GIS技术的集成应用，可有效提升BIM技术在具有复杂空间拓扑关系的大规模公共设施中的应用能力，延展了BIM技术的应用阶段。现阶段的BIM技术应用主要还是集中在设计、施工阶段，而两者集成应用可以将BIM技术的应用延展到运维阶段。

（三）拓宽 BIM 技术的应用功能

针对单个项目的实际情况，BIM技术与GIS技术的集成应用，增加了BIM技术应用的功能点，如增加室内路径规划、房间管理、机电设备运维管理、对建筑物进行光照分析等功能。

（四）拓宽和优化 GIS 技术的应用功能

BIM技术与GIS技术的集成应用，可以拓宽GIS技术已有的功能。例如，导航是GIS技术应用的一个重要功能点，但GIS技术的导航仅限于室外。而通过集成应用，可以将导航功能成功拓展到室内，还可以优化GIS技术已有的功能，如利用BIM技术模型对室内信息的精细描述，可以保证在发生火灾时的室内逃生路径是最合理的，而不再只是路径最短。

（五）进一步促进建设行业的信息化发展

对建设行业而言，BIM技术与GIS技术的集成应用，将BIM技术的精确信息表达与GIS技术完整拓扑信息描述相结合，不仅使长线工程和大区域工程施工、大规模公共设施运维管理中的BIM技术应用成为可能，也将GIS技术成功运用到工程的建造和运维阶段。以往GIS技术的主要应用不在工程建设领域，GIS技术也不被认为与建设行业有关联，通过与BIM技术集成，GIS技术的应用

❶ 黄崧，王海洋，余俊挺，等.基于BIM和GIS的智慧矿山信息系统构建[J].价值工程，2019（11）：184-186.

领域得到了扩展。同时，通过BIM技术将工程设计和建造信息无损传递到运维阶段，并与GIS技术集成应用，也使基于GIS技术的资源清查与管理、城市规划与管理、环境监测与评价、灾害预警与损失评估、政府政务信息管理等，可实现管理精细化和分析精确化，提升GIS技术的应用功能，从而为智慧城市提供技术支撑。

四、BIM 技术与 GIS 技术集成的应用

（一）基础设施建设和管理

BIM技术与GIS技术集成后，可提高线性工程和大规模区域性工程的管理能力。与传统施工中安全事务主要受管理者的经验制约相比，集成后的技术加上移动计算、物联网等手段，对施工项目的管理和施工现场的监控更加精细化、客观和全面，也可以实现信息的随时更新，方便整改。对于大场地的项目，地块周边特征将会影响建筑高度和设计，将建筑的BIM模型导入GIS系统，可以直观显示该区域航空限高，还可以模拟曝光、日照时间等；也可以把GIS技术导入BIM技术，用地形数据来辅助设计以及处理后续土方的问题。

（二）室内导航

BIM技术与GIS技术集成应用，可以拓宽和优化各自的应用功能。随着建筑设计和施工技术的发展，建筑内部结构越来越复杂，在高层复式的商业楼、娱乐场所、医院等地方，人们很容易迷失方向。而传统导航作为GIS应用的一个重要功能，现已实现的真三维导航仅限于室外，室内导航仍是二维表现形式。如果集合BIM技术，利用BIM提供的建筑内部模型配合定位技术，可以方便做到模拟真实场景定位，实现室内导航。室内导航可以用于图书馆寻找具体馆藏房间、博物馆寻找特地主题展厅、庞大的地下停车场寻找私家车等。

（三）三维城市模拟

采用BIM技术+GIS技术，可创建一个较为完整的城市三维系统模型，且模型附带建筑和街道的详细信息。其中，建筑外表根据建筑的不同类型，对应不同的外部尺寸、颜色、纹理、阴影等。建筑信息有建筑精细高度、使用途径、设计单位、施工单位、建设时间、使用时间、使用年限、建筑现状、建造材料、道路连接等。道路信息有施工单位、材料供应商、相连通的道路等。但凡路面出现损坏，可以从系统中获取相关道路信息，及时修好损坏路段，恢复交

通。此技术与"航测+地面摄影"方法相比，无须后期大量的人工贴图；与激光雷达扫描相比，成本较低，还可以进行建筑室内信息的查询。可见，此技术将建筑内部信息与周边地理环境信息共享，较好地展现了建筑空间信息。

同时，根据建成的城市空间信息系统，可以规划建设城市公共场所，综合该地区的区域建设类型、建筑属性、人流密度、交通状况、经济发展潜力、文化倾向等，低成本地满足和方便百姓的经济文化生活需要。❶除此之外，该系统模型还可以进行各种模拟。

（四）资产管理

以BIM技术提供的精细建筑模型为基础，利用GIS技术实现建筑信息化，实现建筑内部资产的精细化管理，提高资产管理的可靠性和准确性。在建筑施工阶段，设计碰撞检查可降低实际碰撞发生的可能性，减少施工返工情况和供应材料的浪费，增效降本。同时还可增强不同软件之间信息传递的互操作性，提高对信息资产全生命周期的管理。

（五）市政维护

BIM技术与GIS技术集成应用，可以增强大型公共设施的管理能力。市政BIM模型整合GIS监控数据，将市政道路、桥梁、隧道、泵站、变电站等的工作状态等信息及时反馈到BIM模型中。在BIM模型数据库中可随时查看其设计参数、工作状态、维护记录、维护路径等信息。当发生问题时，可以通过BIM模型快速、准确地定位找出事故位置，及时救援、疏散，以助于解决问题。

（六）消防管理

随着建筑楼层高度的增加，高层建筑中的消防安全受到大众的高度重视。BIM技术结合GIS技术，可以实现消防系统可视化，直观展现建筑内部结构、消防通道位置、消防器械分布等，同时明确建筑的地理信息，提高高层建筑消防与救援能力，将人民群众的财产损失降到最低。该技术同时还可以用于消防评价工作中，增强火灾风险评估的准确性，为新建建筑的消防设计提供依据。在运维阶段，将BIM数据库整合到智能消防系统设计中，与自动控制、传感器、计算机网络等技术相结合，使系统平台实现主动防火功能和被动防火功能相结合，以达到最佳的防火保护。

---

❶ 韩文君，梁园，胡今强.基于 BIM-GIS 可视化交互平台的地铁车站建模拆分研究［J］.铁道建筑技术，2020（7）：17-21.

第二节　BIM 技术与物联网技术的集成

一、物联网技术概述

（一）物联网的概念

物联网是通过射频识别、红外感应器、全球定位系统、激光扫描器等信息传感设备，按约定的相关协议，将物品与互联网连接起来，进行信息交换和通信，以实现智能化识别、定位、跟踪、监控和管理的一种网络。

（二）物联网的特征

物联网具有以下特征。

①实时性。由于信息采集层的工作可以实时进行，物联网能够保障所获得的信息是实时的真实信息，从而在最大限度上保证了决策处理的实时性和有效性。

②大范围。由于信息采集层设备相对廉价，物联网系统能够对现实世界中大范围内的信息进行采集、分析和处理，从而提供足够的数据和信息以保障决策处理的有效性，随着Ad-hoc技术的引入，获得了无线自动组网能力的物联网进一步扩大了其传感范围。❶

③自动化。物联网的设计愿景是用自动化的设备代替人工，三个层次的全部设备都可以实现自动化控制，因此，物联网系统一经部署，一般不再需要人工干预，既能够提高运作效率、减少出错概率，又能够在很大程度上降低维护成本。

④全天候。由于物联网系统部署之后自动化运转，无须人工干预，其布设可以基本不受环境条件和气象变化的限制，实现全天候的运转和工作，从而使整套系统更为稳定、有效。

（三）物联网的技术体系架构

常见的物联网技术体系架构如图8-1所示。该体系架构自下而上分为四个

---

❶　万玲，白越. BIM 技术和物联网技术在建筑物流管理中的集成应用价值研究 [J]. 项目管理技术，2020（10）：38-42.

层次：感知层、网络层、平台层和应用层。

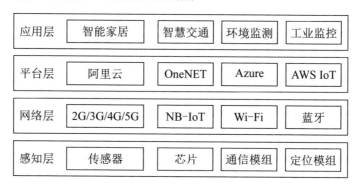

图 8-1　常见的物联网技术体系架构

　　感知层是实现物联网全面感知的基础，一般包括集成在终端设备中的传感器、芯片、模组等硬件及相应的软件系统，主要负责感知和识别物体，收集和获取信息。根据传感器类型的不同，这些信息可以是位置、温度或者运动状态等。物联网终端纷繁复杂的微处理器，以及传感器电气接口和访问协议的碎片化，阻碍了物联网应用行业的迅速发展。因此，近年来面向解决这些碎片化问题的物联网操作系统作为一种新型的关键技术受到了广泛的关注。

　　网络层是实现万物互联及接入互联网的关键，一般指各种通信网与互联网形成的融合网络，主要负责通过不同的传输介质在感知层与平台层之间安全地传递信息，可能是有线网络接入、总线方式接入或者是无线网络接入。近年来，面向物联网的无线连接技术层出不穷，近距离的连接方式有蓝牙、超宽带、近场通信等，中等距离的有ZigBee、Wi-Fi等，广域连接技术有传统的2G/3G/4G/5G，以及新一代连接技术LoRa、NB-IoT等。

　　平台层是实现物联网设备接入管理、操作系统及应用开发以及增值服务管理的基础，向下主要负责接入分散的物联网感知层，进行接入管理，汇集传感数据；向上负责提供面向应用服务开发的基础性平台和面向底层网络的统一数据接口，并通过提供标准化的应用程序接口（API）方便物联网应用的开发。

　　应用层是物联网与用户的接口，通过将物联网技术与垂直行业应用场景相结合，实现信息技术与各行业的深度融合，实现万物互联的丰富应用，进而为国民经济和社会发展带来广泛而积极的影响。

二、BIM 技术与物联网技术集成的意义

（一）工程建设阶段集成应用价值

1.提高施工现场安全管理能力

在施工过程中，施工安全隐患无处不在，如临边洞口和出入口防护棚防护不到位或防护不严，且未进行工具化、定型化防护；部分电梯井口防护未做到定型化和工具化；建筑物首层没有用安全网进行全封闭处理，从而导致被违规兼作通道的现象较为普遍，也就造成到处都存在出入口的危险；部分作业人员高处作业未系安全带；部分工地存在对现场不戴安全帽的治理不严现象。基于BIM技术的物联网应用可以大大改善这一情况。例如，使用无线射频识别标识在临边洞口、出入口防护棚、电梯井口防护等防护设施上，并在标签芯片中载入对应编号、防护等级、报警装置等与管理中心的BIM系统相对应，达到实时监控的效果。同样也可以对高空作业人员的安全帽、安全带、身份识别牌进行相应的无线射频识别，同样在BIM系统中精确定位，如操作作业未符合相关规定，身份识别牌与BIM系统中相关定位同时报警，使管理人员精准定位隐患位置，从而采取措施，以避免安全事故的发生。

2.制定合理的施工进度

进度控制在施工中是非常重要的环节，合理的进度计划和工序安排将会为项目提升经济效益，但是，工程进度往往被变更和返工等情况拖延。目前，工程人员依据二维平面蓝图进行工程施工，施工过程中各工序依据各自的图纸独立施工，各单项工程相互间的配合并不紧密，往往在施工到达一定阶段才发现设计上的不合理或冲突而造成返工。基于BIM技术的碰撞检查和施工模拟可以在施工开始前通过对三维模型的分析，检测出施工过程中可能出现的问题，从而提前预判，并利用物联网技术在相应的施工环节留下包含注意事项的时间节点标签，以确保各施工工序合理有序地进行。

3.支持有效的成本控制

工程施工发生额外工程量及工程返工是造成工程成本变化的重要因素。利用BIM技术和物联网技术的结合，可以根据时间、楼层、工序等维度进行条件统计，制订详细的材料采购计划，并通过对材料批次标注无线射频标签来控制材料的进出场时间和质量状况，避免出现因管理不善造成的材料损耗增加和因材料短缺造成的停工、误工的情况。另外，随着工程技术的发展，钢结构工程

已越来越多地应用于实际工程，但其相对复杂的结构和工艺流程给装配工作带来了巨大的挑战，目前已有多个钢结构工程因装配错误而造成经济损失。BIM技术与物联网技术的集成应用可有效解决这类问题。通过无线射频识别技术将芯片分类别地和编号安装在每一个钢结构构件中，再将对应的读取代码设置在BIM三维信息模型中与之对应，装配过程中保证所有的构件必须与BIM中的对应代码相匹配，否则以警报的形式提醒工程技术人员，从而避免装配错误的情况出现。❶

4. 可有效提高质量管理水平

一方面，在施工过程中经常需要对隐蔽工程进行抽样检验以确保工程质量，这样做的弊端在于不可能全面地检测所有的隐蔽工程；另外，部分隐蔽工程的检测通常采取的是破坏性检测，会对质量本身造成比较大的影响。利用物联网技术对隐蔽工程部位放置反映质量参数的感应器，再结合BIM系统的三维信息技术可以精准定位到每个隐蔽工程的关键部位，从而检测质量状况是否达到相应要求。另一方面，一些关键部位的施工节点在施工过程中会因某种原因而发生相应的形变，对工程质量造成严重的影响，甚至造成严重的安全事故。一套关键部位的感应器采集系统加上基于BIM技术的报警系统，可以使工程技术人员及时得到质量问题反馈，将工程质量的损失降到最低。

（二）建筑运维阶段集成核心价值

1. 提高设备的日常维护维修工作效率

随着物联网技术的发展，各种设备的日常维护维修工作趋于拟人化，可以得到比较及时的检查、维修、更换等。但对于停留在文字、表格、二维图片上的工作设备，工作人员难以快速、精准地确定设备的具体位置，从而无法合理地制订相关的计划，增加了管理和维护的成本。BIM技术和物联网技术的应用可以将各设备的精确位置和相关参数信息对应地反映到三维模型中，大部分的工作可以通过管理中心的三维模型进行操作完成，使工作人员的工作效率进一步提高。

2. 提高重要资产的监控水平

对于一些比较昂贵的设备或物品使用无线射频技术和报警装置，可在发生

---

❶ 张云翼，林佳瑞，张建平.BIM与云、大数据、物联网等技术的集成应用现状与未来[J].图学学报，2018（5）：806-816.

盗窃时使工作人员及时赶到事发现场，防止犯罪分子有足够的时间逃脱，从而避免被盗窃的危险。在这一过程中，BIM技术的引入变得至关重要，通过BIM模型可以清楚分析出犯罪分子所在的精确位置和可能的逃脱路线，BIM控制中心只需要在关键位置及时布置工作人员进行阻截，就可以保证贵重物品不会遗失，同时将犯罪分子绳之以法。

3. 可支持智能家居

智能家居是利用先进的计算机技术、网络通信技术、综合布线技术，依照人体工程学原理，融合个性需求，将与家居生活有关的各个子系统如安防、灯光控制、窗帘控制、煤气阀控制、信息家电、场景联动、地板采暖等有机地结合在一起，通过网络进行智能控制和管理。可以想象，物联网发展到一定阶段，家中的电器可以和外网连接起来，通过传感器传达信号后，厂家或者设备控制中心可以迅速便捷地了解到设备的使用情况。但是，无框架支撑的智能家居系统在碰到复杂或数量庞杂的系统时有很大的局限性，BIM三维信息技术可以给用户和物业管理人员提供更加直观的视觉效果，使用户和物业管理人员更易操作、管理，并对于错综复杂的家居系统根据自己的意愿进行快速、轻松的控制。

三、BIM 技术与物联网技术集成的应用

（一）采购管理

采购作为物资管理的重要环节，对项目成本控制具有重要作用。在采购环节，利用BIM技术和物联网技术可以进一步优化采购物资的数量和价格，从而进一步控制项目成本。

BIM技术和物联网技术在采购环节具有重要的应用价值，主要体现在以下几方面。

1. 实现物资的定型和定量

建设项目施工过程中需要使用大量的建筑材料和设施/设备。BIM模型可以详细展示项目施工过程中所需的材料、设施/设备、建筑构配件的信息，精确到每个构建的尺寸和所在的位置；精确计算每种材料、设施/设备所需的数量；及时修正设计方案，减少返工，从而节约材料及构配件的数量；保证项目各参与方能够及时共享信息和数据；确定符合要求的材料、设施/设备的选型，并结合业主要求，确定材料供应商。

2. 进行供应商管理

在采购环节，确定稳定的物资供应商十分重要。BIM模型能够有效保存和更新供应商信息，如价格、供应商信誉度等信息。利用物联网技术采集、记录信息，可实时更新供应商管理数据库，为企业长远发展奠定基础。❶

3. 二维码或 RFID 标签定制植入

利用BIM模型与物资供应商实时对接，通过BIM模型进行数据和信息的提取和更新，物资供应商根据BIM模型提供的数据进行加工制造，生产完成后利用二维码或者RFID标签写入对应的编码信息，再将这些信息通过物联网技术传输至BIM模型，利用BIM模型进行物资管理，保证后期建筑物资在运输、施工和运维阶段实时数据的采集和输入。

（二）运输管理

在建筑物流管理过程中，利用BIM技术和物联网技术的可视化模型，可以对运输线路和车次进行合理安排。同时，也可以合理设计装卸顺序，进一步优化运输环节。具体内容如下。

1. 结合现场模拟，优化运输路线

将BIM技术和物联网技术相结合，可以有效掌握运输车辆的运输路线和运动状态，实时收集车辆情况；通过BIM模型模拟施工现场的场地布置，可以找出最优的物资存储、施工机械布置的位置；通过BIM模型进行现场模拟，可以根据施工现场物资库存的位置和数量找出最优的运输线路，从而减少二次搬运，降低物流成本，避免人力、物力的浪费。

2. 根据采购需求，优化运输批次

将项目实际消耗的材料用量与库存管理系统中的数量进行对比和分析，可以及时将有关物料的需求信息反馈至供应商，及时调整物资采购计划，确定运输数量和批次，满足施工现场实际用料的需求。可见，BIM技术和物联网技术的紧密结合有利于制订有效的物流运输计划，保证项目施工的顺利进行，同时降低物流运输成本。

3. 应用 BIM 施工模拟，避免出现运输装卸问题

BIM模型可以模拟大型设施/设备的装卸。通过动画模拟，可以有效避免装

---

❶ 叶肖敬，周朝辉，朱永. 基于BIM与物联网技术的智慧工地建设[J].江苏建材，2019（A1）：75-77.

卸过程中出现碰撞、重复调整等问题，并可以结合施工现场实际情况制订最佳的装卸方案，从而解决施工现场大尺寸构件运输和装卸的难题。

（三）库存管理

建筑材料种类繁多，库存管理对于建筑企业而言至关重要，直接影响施工材料的供应，甚至影响整个项目的工期。基于BIM技术和物联网技术的集成应用平台库存阶段运作图如图8-2所示。从图8-2可以看出，基于BIM技术和物联网技术的物流管理平台库存管理的主要应用价值体现在以下两个方面。

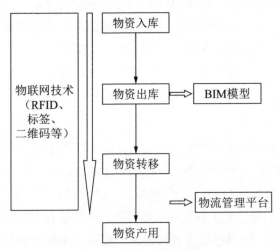

图8-2　基于BIM技术和物联网技术的集成应用平台库存阶段运作图

1. 库存数据实时传递

可以利用二维码、RFID标签、红外线扫描等方式，在建筑物资入库时提取相应信息并通过互联网上传至物流管理协同平台。同时，利用BIM模型根据施工进度统计工程量，自动生成材料及设备明细表。BIM模型可以自动将工程量和物资量信息传送至库存管理系统，仓库管理员还可以根据实际情况收发材料，并将收发之后相应的数据和位置信息更新并记录。移动或者转运库存材料和物资的同时，物流信息协同平台会将相应的信息传输至BIM模型，通过与BIM模型中构件信息进行对比和分析，及时进行数据更新。仓库管理员可以及时掌握每批物资的数量、位置和尺寸，提前做好采购计划。

2. 仓储位置实时更新

通过BIM场地模拟和物联网技术，根据施工阶段、环境变化、区域需求等规划仓储位置以及每个空间的仓储数量。

（四）施工管理

1. 施工模拟

通过BIM模型可以进行施工方案模拟，利用物联网技术可以有效采集施工现场设施/设备的具体情况，有效监控施工完成情况。在整个施工阶段，可以通过物联网技术随时查询和追踪每种设施/设备和物资的位置。在某些构件安装完毕后，可以通过二维码或者RFID标签将该构建信息传输到系统中。通过定位系统，能够查询具体物资的安装信息，并可将收集到的信息传递到BIM模型中进行施工进度模拟。通过该平台可以及时掌握资金、进度、物资等实际信息与计划的差异，做好施工现场管理，保证项目按时完成。

2. 工艺流程模拟

利用BIM技术可以动画模拟施工工艺流程，按照流水计划图模拟各流水段施工技术的可行性，从而避免各工作面的施工冲突。对于复杂工序，也可以进行施工模拟，调整和优化施工工序和流程。在此过程中，可以通过二维码、RFID标签或红外线等方式采集现场实际数据，并传递到BIM模型中以检验机械设备安装的安全性。可以通过可视化的施工模拟，提前识别管线碰撞、坠落事故等风险。可以根据相应的数据和模型分析，设定设施/设备安装的位置、规划吊装线路，有效避免施工过程中可能出现的安全事故。

（五）运维管理

1 运行管理

运行管理是指为保证已建项目中的设备管道、建筑构配件等物资能够正常运作而进行的计划、指导、控制。通过物联网技术，可实时将采集到的数据传递至BIM模型，在物流协同管理平台可以查看BIM三维模型，同时可以查询相应位置的设备运行状态等相关信息。

2. 维护管理

首先，利用物联网技术通过二维码或RFID标签采集相关设施/设备等物资的数据和信息；其次，将采集到的数据改写为详细的参数信息、位置信息以及需要检查或更新的定期提醒设置；最后，将改写后的信息实时传递至BIM模

型。若设备出现问题，BIM模型将自动提示或发出警告，以便对设施/设备等物资及时进行维修。❶

第三节　BIM 技术与 VR 技术的集成

一、VR 技术概述

（一）VR 技术的概念

VR是Virtual Reality的缩写，中文意思就是虚拟现实，也称作虚拟环境或虚拟真实环境，是一种三维环境技术。VR技术集先进的计算机技术、传感与测量技术、仿真技术、微电子技术等于一体，借此产生逼真的视、听、触、力等三维感觉环境，形成一种虚拟世界。

VR技术是人们运用计算机对复杂数据进行的可视化操作，与传统的人机界面以及流行的视窗操作相比，在技术思想上有了质的飞跃。

（二）VR 技术的特征

VR技术的特征较为鲜明，主要体现在以下四个方面。

①多感知性。VR的多感知性指除一般计算机所具有的视觉感知外，还具有听觉感知、触觉感知、运动感知，甚至还包括味觉、嗅觉等感知。理想的VR技术应该具有人所具有的一切感知功能。

②存在感。VR的存在感指用户感到作为主角存在于模拟环境中的真实程度。理想的模拟环境应该达到使用户难辨真假的程度。

③交互性。VR的交互性指用户对模拟环境内物体的可操作程度和从环境得到反馈的自然程度。

④自主性。VR的自主性指虚拟环境中的物体依据现实世界物理运动定律动作的程度。

---

❶ 李伟，刘琦，郭露鹏. 基于 BIM 与物联网技术的建筑施工安全管理系统构建 [J]. 建筑施工，2020（11）：2187-2190.

二、BIM 技术与 VR 技术集成的意义

关于BIM技术与虚拟现实技术集成应用的核心价值，可总结为以下四点。

（一）提高模拟的真实性

使用VR技术演示单体建筑、群体建筑乃至城市空间，可以让人以不同的俯仰角度去审视或欣赏建筑外部空间的动感形象及其平面布局特点。它所产生的融合性，要比模型或效果图更形象、生动和完整。传统的二维、三维表达方式，只能传递建筑物单一尺度的部分信息，使用VR技术可展示一栋活生生的虚拟建筑物，使人产生身临其境之感。并且，可以将任意相关信息整合到已建立的虚拟场景中，进行多维模型信息联合模拟，从而可以实时、任意视角查看各种信息与模型的关系，指导设计、施工，辅助监理、监测人员开展相关工作。

（二）加强了建筑模型的可视性和具象性

BIM是以建筑工程项目各项相关信息数据作为模型的基础，进行建筑模型的建立，通过数字信息仿真模拟建筑物所具有的真实信息，具有可视化、协调性、模拟性、优化性和可出图性等特点。VR的沉浸式体验，加强了具象性及交互功能，大大提升BIM应用效果，从而推动其在建筑设计加速推广使用。VR正逐步走进建筑设计领域。建筑设计行业目前最大的痛点在于"所见非所得"和"工程控制难"，难点在于统筹规划、资源整合、具象化联系和平台构建。BIM+VR模式有望提供行业痛点的解决路径。系统化BIM平台将建筑设计过程信息化、三维化，同时加强项目管理能力。VR在BIM的三维模型基础上，加强了可视性和具象性。通过构建虚拟展示，为使用者提供交互性设计和可视化印象。

三、BIM 技术与 VR 技术集成的方法

由于BIM技术和VR技术的开发和应用都是基于计算机平台的，这两种技术的集成也需要通过计算机平台来实现。有两种方法可以实现BIM和VR集成，比较传统的是BIM to VR，这种方法忽略了工程行业的属性，只可以从表面上达到BIM模型转向VR模型的目的。目前，BIM to VR的主要解决方案是结合主流虚拟现实引擎（如Unity3D，UE等），以三维空间模型或BIM模型为原始数据来创建虚拟场景。另一种方法是BIM＋VR，这种方法将建筑行业的VR解决方案提升到一个新的高度。BIM＋VR体验的主要功能是与当前主流虚拟现实设

备进行无缝对接，无须烦琐的模型处理和软件开发，是一种全新的实用技术解决方案。从规划阶段到设计阶段到施工阶段再到后期运营和维护阶段，无论项目处于哪个阶段，参与项目的各方都可以使用BIM＋VR来体验未完成项目实际实施的效果，以便提前考虑许多问题，提前修改，有效避免资源浪费，确保项目在各个阶段都能高效、高质量地完成。❶

四、BIM 技术与 VR 技术集成的应用

（一）虚拟空间展示三维立体模型

VR技术与BIM技术结合使用产生的效果，给人以真实感和直接的视觉冲击。建好的BIM模型可以输入VR技术中，以VR为载体表现出来，大大提高了三维立体展示效果，给业主以更为直观的宣传介绍，提升中标概率。

（二）碰撞检查，减少返工

BIM技术最大的特点在于三维可视化，而加上VR技术之后，更是能在虚拟三维空间里直接对模型进行观察。利用BIM技术和VR技术，在前期可以进行碰撞检查，优化工程设计，减少在建筑施工阶段可能存在的错误和返工的可能性，而且可以优化净空，优化管线排布方案。施工人员可以利用碰撞优化后的三维管线方案，进行施工交底、施工模拟，既提高了施工质量，同时也提高了与业主沟通的效果。

（三）虚拟施工，控制计划

在实际工程施工中，复杂结构的施工方案设计和施工结构计算是一个难度较大的问题，前者难点关键就在于施工现场的结构构件及机械设备间的空间关系的表达；后者在于施工结构在施工状态和荷载下的变形大于就位以后或结构成型以后。在虚拟的环境中，建立周围场景、结构构件及机械设备等三维CAD模型（虚拟模型），形成基于计算机的具有一定功能的仿真系统，让系统中的模型具有动态性能，并对系统中的模型进行虚拟装配，根据虚拟装配的结果，在人机交互的可视化环境中对施工方案进行修改。同时，利用虚拟现实技术可对不同的方案，在短时间内做大量的分析，从而保证施工方案最优化。❷

❶ 李金云.BIM 技术与 VR 技术结合方法的研究［J］.山西建筑，2020（17）：191-193.
❷ 王子君.建筑施工 BIM 技术和 VR 技术浅谈［J］.现代物业（中旬刊），2019（6）：48-49.

第四节 BIM 技术与其他技术的集成

一、BIM 技术与 3D 扫描技术的集成

（一）3D 扫描技术概述

1. 3D 扫描技术的概念

3D扫描是集光、机、电和计算机技术于一体的高新技术，主要用于对物体空间外形、结构及色彩进行扫描，以获得物体表面的空间坐标，具有测量速度快、精度高、使用方便等优点，且其测量结果可直接与多种软件接口。

3D激光扫描技术又被称为实景复制技术，采用高速激光扫描测量的方法，可大面积高分辨率地快速获取被测量对象表面的3D坐标数据，为快速建立物体的3D影像模型提供了一种全新的技术手段。

2. 3D 扫描技术的优势

3D扫描技术具有以下优势。

（1）易用性、安全性

3D扫描技术采用的是不用接触目标物而进行测量的方式，扫描时也不需要对目标物的表面进行任何处理，就可直接获取目标物表面的3D坐标数据，而且获得的数据是高分辨率的数据。这使测量工作更容易进行，同时还避免了测量人员直接接触一些复杂危险的目标物，确保测量工作的安全性。

（2）高分辨率、高精度

3D扫描技术可以快速地获取高精度、高分辨率的海量点位数据，可以对目标物进行高密度的三维数据采集，从而达到高分辨率的目的。

（3）数字化采集，兼容性好

3D扫描技术所采集的数据是直接获取的数字信号，具有全数字化特征，方便进行后期处理和输出。

（二）BIM 技术与 3D 扫描技术集成框架的构建

BIM技术与3D扫描技术集成原理是通过BIM模型的正向指导施工和三维激光扫描仪的逆向扫描，正逆结合，BIM模型正向指导施工提高效率，逆向对已建建筑物进行扫描，将实际施工的情况以一比一数字模型反映到BIM模型中，从而将实际施工和设计模型之间的偏差全部显示，以此校正更新BIM模型，并调整原来的施工方案，继续指导下一阶段施工。

BIM技术与3D扫描技术集成框架如图8-3所示。

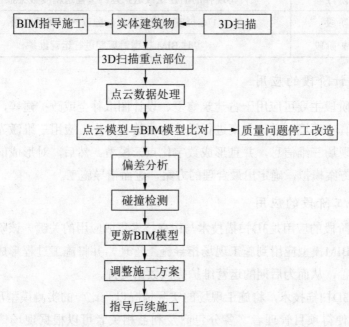

图 8-3　BIM 技术与 3D 扫描技术集成框架

首先，快速获取目标建筑物的点云数据。通过对目标建筑物进行现场勘测，确定三维激光扫描仪扫描精度档位、架设站点的位置、标靶位置、控制网的布设、点云数据，通过数据的拼接、稀释、采样等一系列工作获取施工建筑物特定部位的点云数据。

其次，通过对获取的点云数据与目标建筑物的设计模型进行偏差比对，分析其中的偏差情况，并且确定是否更新BIM模型。

最后，将点云数据导入逆向建模软件进行坐标纠正、数据滤波、地理参考、数据分类、数据分割、曲面拟合和纹理映射等处理后，得到更新后的BIM模型，用于后续施工指导。

（三）BIM 技术与 3D 扫描技术集成的应用

BIM 技术与 3D 扫描技术集成可用于建筑工程设计、施工、运营维护三个阶段，如表 8-1 所示。

表 8-1　BIM 技术与 3D 扫描技术集成的应用

应用阶段	应用领域
设计阶段	①现存的旧建筑改造扩建；②建造精度数据报告
施工阶段	①虚拟安装或改建；②验证施工现场监测
运营维护阶段	实时 BIM 模型对后期进行运营维护

1.设计阶段的应用

设计阶段主要可应用于古建筑修复、设计图纸补全或改扩建等，需要结合施工现场真实环境对设计方案进行设计与决策。首先，应用三维激光扫描仪搜集完整的现场三维信息，并且形成数字化点云模型。然后，对形成的点云模型进行施工方案模拟，确定出最合理的方案，进而指导施工。

2.施工阶段的应用

施工阶段的应用是 3D 扫描技术与 BIM 技术集成应用的关键。该阶段主要是将设计的 BIM 模型应用到施工现场指导施工管理，并将施工过程形成的各种信息进行完善，从而为后期的运营维护提供数据支持。

通过 3D 扫描技术，将施工现场的实际情况以一比一的实测模型反馈到 BIM 模型中，使得项目管理者、各分包商及利益相关者可以根据现场情况的变动进行工程项目的管理，并对比实际施工任务与计划的偏差，及时做出决策和调整。

3.运营维护阶段的应用

该阶段的应用主要是将设计阶段和施工阶段的信息进行加工整理及优化，方便管理和使用，并提高运营管理效率。该阶段主要是将整个施工过程中的设计 BIM 模型、施工过程中扫描得到的点云模型、依据点云数据更新后的 BIM 模型进行统一的整合管理，从而实现信息存储、信息优化处理和信息展示的目的。而且该过程还可以针对运营维护管理人员的个性化需要，把现有的信息进行分析，为运营维护管理人员决策提供支持，辅助其管理。

二、BIM 技术与 3D 打印技术的集成

（一）3D 打印技术概述

1. 3D 打印技术的概念

3D打印技术是一种快速成型技术，是以三维数字模型文件为基础，通过逐层打印或粉末熔铸的方式来构造物体的技术，综合了数字建模技术、机电控制技术、信息技术、材料科学与化学等方面的前沿技术。

2. 3D 打印技术的优势

3D打印技术具有以下几个方面的优势。

（1）零技能制造

在零件制造过程中，若想掌握其他的技术，则需要花费一定的时间去学习与实践操作。但是，学习3D打印技术需要花费的时间较短，只需掌握好计算机方面的基本操作，放置好打印材料，就可在较短的时间内完成好生产作业，从而突出了这类技术的零技能制造特征。

（2）设计空间无限

传统制造技术和工匠制造的产品形状有限，制造形状的能力受制于所使用的工具。例如，传统的木制车床只能制造圆形物品，轧机只能加工用铣刀制造的部件，制模机仅能制造模铸形状。而3D打印机可以突破这些局限，开辟了巨大的设计空间，甚至可以制作目前可能只存在于自然界的形状。

（3）无须组装

3D打印能使部件一体化成型。传统的大规模生产建立在组装线基础上，在现代工厂，由机器生产出相同的零部件，然后由机器人或工人进行组装（甚至可以跨洲组装）。产品组成部件越多，组装耗费的时间和成本就越多。3D打印机通过分层制造可以同时打印一扇门及上面的配套铰链，不需要组装。省略了组装就缩短了供应链，节省了在劳动力和运输方面的花费。同时，供应链越短，污染也越少。

（4）零时间交付

3D打印机可以按需打印。即时生产减少了企业的实物库存，企业可以根据客户订单使用3D打印机制造出特别的或定制的产品以满足客户需求。所以新的商业模式将成为可能。如果人们所需的物品可以按需就近生产，那就有望实现零时间交付式生产。而零时间交付式生产能最大限度地减少长途运输的成本。

（二）BIM 技术与 3D 打印技术集成的优势和劣势

1. BIM 技术与 3D 打印技术集成的优势

①定制个性化：未来客户可以在极大程度上根据自己的想法影响建筑的设计。

②造型奇异化：更多造型奇异的建筑物将被建造出来而不受成本的限制。

③模型直观化：3D实时打印的建筑模型即使是普通人也能看懂看透。

④建造绿色化：打印的材料可以使用建筑垃圾等废料，建造过程也将大大减少噪声及环境污染，真正实现建造绿色化。

⑤成本减少：部件拼装等新型施工方法将大量减少劳动力，节约人工成本；工期缩短也会节约人工成本；建筑材料使用废料也将大大减少材料成本。

2. BIM 技术与 3D 打印技术集成的劣势

①打印机尺寸限制：与目前一维2D打印机的原理一样，3D打印机打印大的图案时，就需要大的打印机。所以建造的建筑物越大，前期需要的打印机就越大，增加了建造的前期成本，且要建设高楼大厦几乎是不可能的。

②打印材料限制：目前打印材料比较单一，强度限制也很大。因此找到一种轻型坚固的材料，以及使用多种材料建造建筑是3D打印技术发展的局限。

（三）BIM 技术与 3D 打印技术集成的应用

1. 基于 BIM 的整体建筑 3D 打印

应用BIM进行建筑设计，设计模型处理后直接交付专用的3D打印机进行整体打印，建筑物可以很快地被打印出来。通过3D打印技术建造房屋，只需要很少的人力投入，其作业过程基本不会产生扬尘和建筑垃圾，是一种绿色环保的工艺，在节能降耗和环境保护方面较传统工艺有非常明显的优势。

2. 基于 BIM 和 3D 打印复杂构件制作

传统工艺制作复杂构件，受人为因素影响较大，精度和美观度方面有所偏差不可避免。而3D打印机由计算机操控，只要有数据支撑，便可将任何复杂的异型构件快速、精确地制造出来。利用BIM技术和3D打印相结合来进行复杂构件制作，不再需要复杂的工艺、措施和模具，只需将构件的BIM模型发送到3D打印机，短时间内即可将复杂构件打印出来，大大缩短了加工周期，降低了成本，且打印精度非常高，可以保障复杂异型构件几何尺寸的准确性和实体质量。

3. 基于 BIM 技术和 3D 打印的施工方案实物模型展示

BIM技术出现后，通过将BIM模型与施工方案或施工部署进行集成，然后利用三维模型进行展示交流、交底，是一种非常实用的应用手段。结合3D打印技术打印实物模型可以将应用效果发挥得更佳。用3D打印制作的施工方案微缩模型，可以辅助施工人员更为直观地理解方案内容。而且它携带、展示都不需要依赖计算机或其他硬件设备，同时实体模型可以360°全视角观察，克服了打印3D图片和三维视频角度单一的缺点。❶

三、BIM 技术与数字化加工技术的集成

（一）数字化加工技术的概念

数字化是将不同类型的信息转变为可以度量的数字，然后将这些数字保存在适当的模型中，再将模型引入计算机进行处理的过程。数字化加工则是在应用已经建立的数字模型基础上，利用生产设备完成对产品的加工。

BIM技术与数字化加工集成意味着将BIM模型中的数据转换成数字化加工所需的数字模型，使制造设备可根据该模型进行数字化加工。为此，一般需要通过特定的步骤，从BIM模型中提取加工作业所需要的尺寸、数量等参数，并转换成规定的格式后直接传输到加工设备。当加工设备接收到相关数据后，会按照设定的工序和工步组合和排序，自动选择材料、模具、配件和用料数量，计算每个工序的机动时间和辅助时间，形成加工计划，并按加工计划进行加工。

（二）BIM 模型转换为数字化加工模型步骤

将BIM模型转换为数字化加工模型的步骤如下所示。

①在原深化设计模型中增加许多详细的信息（如一些组装和连接部位的详图），同时根据各方的要求对原模型进行一些必要的修改。

②通过相应的软件把模型里数字化加工需要的且加工设备能接受的信息隔离出来，传送给加工设备，并进行必要的数据转换、机械设计以及归类标注等工作，实现把BIM深化设计模型转换成预制加工设计图纸，与模型配合指导工厂生产加工。

❶　马凯，王子豪.基于"BIM+ 信息集成"的智慧工地平台探索 [J].建设科技，2018（22）：26-30，41.

（三）BIM 模型转换为数字化加工模型的注意事项

将 BIM 模型转换为数字化加工模型时，需注意以下问题。

①要考虑到精度和容许误差。对于数字化加工而言，其加工精度是很高的，因为材料的厚度和刚度有时候会有小的变动，组装也会有累积误差，另外还有一些比较复杂的因素如切割、挠度等也会影响构件的最后尺寸，所以在设计的时候应考虑到一些容许变动。

②选择适当的设计深度。数字化加工模型不要太简单也不要过于详细，太详细就会浪费时间，拖延工程进度，但如果太简单、不够详细，就会错过一些提前发现问题的机会，甚至会在将来造成更大的问题。模型里包含的核心信息越多，越有利于与其他专业的协调，越有利于提前发现问题，越有利于数字化加工。所以在加工前最好预先向加工厂商的工程师了解加工工艺过程及如何利用数字化加工模型进行加工，然后选择各阶段适当的深度标准，制订一个合适的设计深度计划。

③处理好多个应用软件之间的数据兼容问题。由于是跨行业的数据传递，涉及的专业软件和设备比较多，必然会存在不同软件之间的数据格式不兼容的问题，为了保证数据传递与共享的流畅性和减少信息丢失，应事先考虑并解决好数据兼容问题。

基于 BIM 技术的数字化加工技术的优点不言而喻，如在大量加工重复构件时，数字化加工能够带来可观的经济利益，实现材料采购优化、材料浪费减少和加工时间节约。不在现场加工构件的工作方式能减少现场施工人员间和设备间的冲突干扰，并能解决现场加工场地不足的问题。而且，工厂的加工环境和加工设备都比现场要好得多，工厂加工的构件质量也势必比现场加工的构件质量更有保障。同时，基于 BIM 技术的数字化加工大大减少了因错误理解设计意图或与设计师交流不及时导致的加工错误。但在使用该项技术的同时，必须认识到数字化加工并不是面面俱到的。比如，在加工构件非常特别，或者构件过于复杂时，此时利用数字化加工则会显得费时费力，凸显不出其独特优势。

（四）BIM 技术与数字化加工技术集成的应用

目前，BIM 技术与数字化加工集成，主要应用在预制混凝土板生产、管线预制加工和钢结构加工等领域。一方面，工厂精密机械自动完成建筑物构件的预制加工，不仅制造出的构件误差小，生产效率也可大幅提高；另一方面，建筑中的门窗、整体卫浴、预制混凝土结构和钢结构等许多构件，均可异地加工，再被运到施工现场进行装配，既可缩短建造工期，也可掌控质量。

　　未来，将以建筑产品三维模型为基础，进一步加入资料、构件制造、构件物流、构件装置以及工期、成本等信息，以可视化的方法完成BIM与数字化加工的融合。同时，更加广泛地发展和应用BIM技术与数字化技术的集成，进一步拓展信息网络技术、智能卡技术、家庭智能化技术、无线局域网技术、数据卫星通信技术、双向电视传输技术等与BIM技术的融合。

四、BIM 技术与智能型全站仪的集成

（一）智能型全站仪的概念

　　施工测量是工程测量的重要内容，包括施工控制网的建立、建筑物的放样、施工期间的变形观测和竣工测量等内容。近年来，外观造型复杂的超大、超高建筑日益增多，测量放样主要使用全站型电子速测仪（简称全站仪）。随着新技术的应用，全站仪逐步向自动化、智能化方向发展。智能型全站仪由马达驱动，在相关应用程序控制下，在无人干预的情况下可自动完成多个目标的识别、照准与测量，且可在无反射棱镜的情况下对一般目标直接测距。

　　全站仪具有角度测量、距离测量、三维坐标测量、导线测量、交会定点测量和放样测量等多种用途。它是随着计算机和电子测距技术的发展，近代电子科技与光学经纬仪结合的新一代既能测角又能测距的仪器，并且测量的距离长、时间短、精度高。全站仪自身带有数据处理系统，可以快速而准确地对空间数据进行处理，计算出放样点的方位角与该点到测距点的距离。全站仪可以进行空间数据采集与更新，实现测绘的数字化。它的优势在于数据处理的快速性与准确性，从理论上讲它可以替代各种常规测量仪器，如水准仪、经纬仪、测距仪等。全站仪的出现以及计算机技术的飞速发展，为实现测绘工作的无纸化、自动化、信息化、数字化及网络化提供了技术和物质上的保障。

　　近年来，随着光电子技术、计算机技术等新技术在全站仪中的应用，全站仪逐步向自动化、智能化方向发展。各测绘仪器生产厂商在仅可用于土木工程领域的、手动的、多人操作的全站仪技术和传承基础上，逐步开发出了可用于整个施工应用市场的、自动的、单人控制的智能型全站仪。智能型全站仪是一种能够自动识辨、照准和跟踪目标的全站仪。它在机动型全站仪和无合作目标型全站仪的基础上，通过自动目标识别与照准的新功能，克服了需要人工照准目标的重大缺陷，实现了全站仪的智能化。在相关应用程序的控制下，智能型

全站仪在无人干预的条件下可自动完成多个目标的识别、照准与测量，且在无反射棱镜的条件下，可对一般的目标直接测距，因此，智能型全站仪又被称为测量机器人。这种新型全站仪为提高测量精度、减轻作业劳动强度以及拓展工作领域等提供了硬件基础。典型的代表有美国Trimble公司的RTS型全站仪、日本Topcon公司的QS测量机器人、瑞士Leica公司的TCA型全站仪等。

（二）BIM 技术与智能型全站仪的集成应用

在施工过程中，由于建筑结构空间的复杂性以及建筑结构施工过程中存在的误差，机电、精装、幕墙等专业的深化设计人员无法准确把握建筑结构施工现场的实际情况，经常造成图纸或BIM模型的设计方案在现场无法实施，导致拆改或设计变更，造成大量材料、人工以及工期上的浪费。为了减少机电、精装、幕墙等专业的深化设计方案与现场施工环境的冲突，使用智能型全站仪，采集现场建筑结构实际建造数据，并与建筑结构BIM模型中的数据对比，核对现场施工环境与结构BIM模型之间的偏差，并以实际建造数据去更新设计BIM模型，使BIM模型更贴近施工现场实际情况。这一过程是对设计的一次优化，也是保障后续施工顺利进行、减少返工的有力措施。

建筑结构复核工作主要包括建筑结构现场测绘、实测数据与设计数据对比以及设计调整与现场整改。建筑工程施工过程中传统的测量放线工作由劳务队完成，通常采用三角测量和拉钢尺的方式进行作业，工作方法粗糙，操作麻烦（尤其是在结构梁分布密集的情况下），工作效率低，空间局限性较大，关键缺陷是其施工精度不够，导致施工质量不能满足设计要求。采用智能型全站仪，将BIM模型中的设计坐标、尺寸等导入智能型全站仪，利用智能型全站仪实现施工现场的精确高效的定位放样。❶

此外，传统的建筑工程施工验收时，测量校核的方式比较落后，基本上是通过卷尺进行测量，对施工实体的尺寸偏差、标高、水平度、直线度等信息检查不够完善。利用智能型全站仪指导现场施工测量，能够有效完善验收过程，提高施工质量。

综上所述，BIM与智能型全站仪的集成具有如下核心价值。

第一，通过智能型全站仪与BIM模型的集成，将现场测绘所得到的实际建造结构信息与模型中的数据对比，核对现场施工环境与BIM模型之间的偏

---

❶ 饶淇，鲁少虎，魏志鹏，等．BIM+智能全站仪在双曲非同心圆坡道测量中的应用［J］.施工技术，2017（6）：129-131，140.

差，为机电、精装、幕墙等专业的深化设计提供依据，使深化设计与现场更加一致。

第二，基于智能型全站仪高效精确的放样定位功能，结合施工现场轴线网、控制点及标高控制线，能将设计的成果高效快速地标定到施工现场，实现精确的施工放样，为施工人员提供更加准确直观的施工指导，提高测量放样的效率。

第三，基于智能型全站仪精确的现场数据采集功能，在施工完成后对现场实物进行实测实量，通过将实测数据与设计数据进行对比来检查施工质量是否符合要求，保证工程施工质量。

第九章 基于 BIM 技术的建筑综合管理系统的设计

第一节 基于 BIM 技术的建筑综合管理系统的需求分析

笔者结合对常见建筑工程项目管理和实施业务流程调查分析，以及对工程项目施工管理人员、物料管理人员等的调查走访，汇总了有关调查分析结果，获得了基于BIM技术的建筑综合管理系统的功能需求，具体包括：建筑物料管理功能、项目合同管理功能、项目进度管理功能、工程人员管理功能、项目施工管理功能、系统设置功能。

基于BIM技术的建筑综合管理系统的功能需求如图9-1所示。

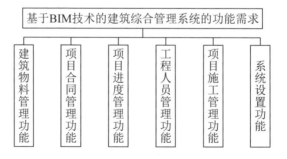

图 9-1 基于 BIM 技术的建筑综合管理系统的功能需求

一、建筑物料管理功能

建筑物料管理功能是建筑工程项目管理的基础功能。在建筑工程项目中，建筑物料是重要的生产资料，使用量大，种类繁多，管理难度较大，每天的数据更新量大，因此需要专门的建筑物料管理模块对建筑物料进行管理。

根据调查分析，建筑物料管理功能需要实现建筑工程项目中的物料入库登记、物料使用申请、物料调拨管理、物料领用管理、物料查询、物料统计分析等功能。系统中建筑物料管理功能如图9-2所示。

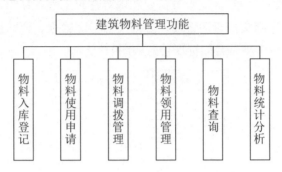

图 9-2　系统中建筑物料管理功能

物料入库登记功能主要为了实现建筑工程项目物料的登记管理，包括录入物料的基本数据信息，如物料名称、数量、价格、使用计划、用途、供应商等基本数据，详细全面地记录建筑工程项目的物料购买和使用情况，为建筑工程项目的物资材料统计分析、成本核算等提供数据支持。

物料使用申请功能是根据建筑工程进度和施工需要，按需求提出物资材料的使用计划，填写申请单，包括使用数量、物资材料名称、使用类别、使用人员等基本数据，填写物料使用申请后，提交审核。

物料调拨管理是指对通过审核的物料使用申请，按审核通过的数量和用途等对建筑工程项目的物资材料进行调拨处理。

物料领用管理需要实现对通过审核的物资材料申请内容进行出库发放，完成建筑工程物资材料的领用，详细记录领用数量、领用人等，完成领用后签字确认。

物料查询需要实现根据物料名称、数量、价格、使用计划、用途、供应商等关键词进行查询，输出查询结果。

物料统计分析需要实现根据物料名称、数量、价格、使用计划、用途、供应商等进行分类统计，统计结构以图表的形式输出，为物资材料的采购、核算等提供数据辅助支持服务。

二、项目合同管理功能

建筑工程管理中,项目合同管理是重要的组成部分,需要对合同文本、合同执行情况进行有效管理。因此,在建筑工程项目管理系统中应设置专门的项目合同管理功能模块。

根据调查分析,项目合同管理需要实现对建筑工程项目的合同登记管理、合同资金管理、合同文档查询管理、合同文档借阅管理、合同执行管理、合同审核管理等。系统中项目合同管理功能如图9-3所示。

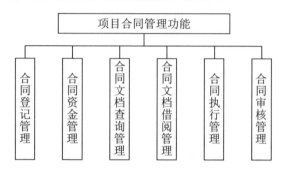

图 9-3 系统中项目合同管理功能

合同登记管理可实现将项目合同的数据录入系统中,包括将合同名称、合同事项、合同编号、合同执行要求等分项录入系统,为合同执行提供基本数据支持。合同登记功能不仅要完成对合同文档的扫描照片录入,而且要实现合同基本内容的分项录入,以便为合同的管理提供基本数据支持。

合同资金管理需要实现合同资金的预算呈报、按计划支付资金等管理事项,同时对合同资金的使用计划、实际支付等记录和数据进行管理。

合同文档查询管理需要实现按合同名称、执行人、合同事项、合同编号、合同执行要求等关键字进行查询,并输出查询结果。

合同文档借阅管理可实现对项目合同原始文件的借阅和借出,对合同文档的借阅进行申请和审核管理,对合同文档的借阅记录进行有效管理。

合同执行管理是根据合同的约定事项和执行要求等进行过程管理,对合同执行过程进行监督,对约定的合同事项进行执行提醒和检查,实现合同的按期执行。

合同审核管理需要实现合同登记审核、合同借阅审核和合同执行记录审核等功能,通过合同审核管理实现合同的执行规范化。

三、项目进度管理功能

建筑工程项目管理中，项目进度管理是项目实施的重要内容。进度管理主要对进度的完成情况进行记录和检查，实现进度的生成与审核管理等。因此，在建筑工程项目管理系统中需设置进度管理。

根据调查分析，项目进度管理需要实现建筑工程项目中的进度生成、进度审核、进度执行、进度报告，进度提醒、进度查询等功能。系统中项目进度管理功能如图9-4所示。

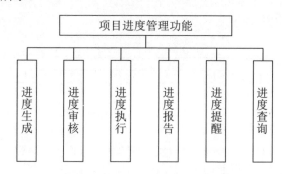

图 9-4　系统中项目进度管理功能

进度生成功能需要实现对工程项目的时间节点录入和工程项目的任务要求录入，根据项目的实施安排，形成工程项目进度表，包括起始时间、完成时间、完成内容等，以表格的形式生成项目进度管理计划图表。

进度审核是对生成的建筑工程项目进度图表进行审核，确认是否符合要求，是否需要修改和完善。审核后的项目，进入执行阶段。

进度执行是对项目的进展情况进行检查和记录，根据生成的建筑工程项目进度图表计划，按项目进行执行检查和进展记录，对进度执行过程进行管理。

进度报告需要实现按月、按季度或按周生成项目进展情况报告，通过对进度执行情况与进度计划进行对比分析，形成报告并输出。

进度提醒需要实现对落后的工程项目进行督查和提醒，促使项目按预定计划执行。进度提醒以消息提示的方式弹出，提醒项目管理人员检查进度完成情况，以免遗漏或疏忽，确保项目按进度执行。

进度查询需要实现按建筑工程项目的起始时间、完成时间、完成内容等关键字进行查询，并输出查询结果。

四、工程人员管理功能

人力资源管理是企业管理的重要组成部分，在建筑工程管理中，工程人员管理涉及员工基本信息管理、工资发放、考勤管理等重要内容。为实现对建筑工程人员的管理，对工程项目人员进行工作量统计、工资发放等管理功能，需要设计专门的工程人员管理模块。

根据调查分析，工程人员管理功能需要实现人员基本信息管理、工勤管理、奖惩管理、绩效管理、数据查询和人力资源统计等功能。系统中工程人员管理功能如图9-5所示。

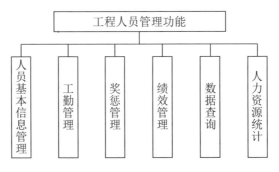

图 9-5　系统中工程人员管理功能

人员基本信息管理需要实现工程项目各类人员的基本信息录入和管理，包括工号、姓名、联系电话、工作部门、工程、部门主管等基本数据的录入和修改，人员基本信息的查询与统计等管理功能。

工勤管理需要实现项目工程人员的出勤管理，如记录工程人员的缺席、迟到、矿工等信息，记录员工的出勤天数和时间，为员工考核提供依据。

奖惩管理需要实现员工奖励和处罚的数据管理，包括奖励或处罚的时间、原因、结果等基本信息录入和统计查询管理。

绩效管理需要实现员工工资的计算、审核和发放管理等功能。

数据查询和人力资源统计需要实现员工基本数据的查询与统计、工勤数据的查询与统计、奖惩数据的查询与统计、绩效数据的查询与统计等。

五、项目施工管理功能

在建筑工程管理中，项目施工管理是核心内容，涉及工程施工各项数据的管理与查询、施工报表的生成与输出、项目成本的预算与核算等。项目施工管理功能是建筑工程项目管理的核心功能。

根据调查分析，项目施工管理需要实现工程数据管理、报表管理、成本预算管理、成本核算管理、任务管理和台账管理等功能。系统中项目施工管理功能如图9-6所示。

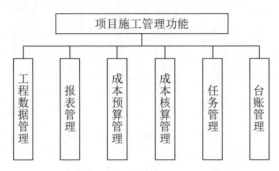

图 9-6　系统中项目施工管理功能

工程数据管理需要实现建筑工程项目的基本数据录入，包括项目名称、项目概述、项目编号、项目负责人、项目起始时间、项目完成时间、项目内容等基本数据的添加与审核，实现工程数据的查询与输出等功能。

报表管理需要实现建筑工程项目的统计与报表生成，以及对项目施工的进展和执行情况统计分析等功能。

成本预算管理需要实现建筑工程项目的成本预算填写、成本预算审核和提交保存等功能，同时可以对成本预算情况进行查询与统计输出。

成本核算管理需要实现对建筑工程项目实际执行成本的数据填写，以及成本的最终统计分析与独立核算。

任务管理需要实现建筑工程项目的任务分解，建筑工程项目的任务落实与执行管理，建筑工程项目的任务检查与提示等功能。

台账管理需要实现对建筑工程项目的基本数据建立台账的功能，通过台账管理实现建筑工程的精细化管理和规范化管理。

六、系统设置功能

在建筑工程项目管理系统中，除提供基本的进度管理、施工管理、人员管理等功能外，还应满足系统的数据库设置、系统用户的注册与账号管理、用户密码修改等需求。因此，单独设计系统设置功能模块很有必要。

根据通用软件设计标准和用户需求调查，系统设置功能需要实现用户注册管理、用户权限管理、用户密码管理、数据库设置、网络设置和界面设置等功能。系统中系统设置功能如图9-7所示。

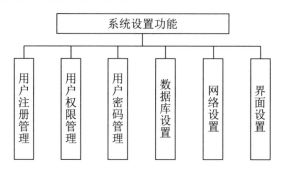

图 9-7 系统中系统设置功能

用户注册管理需要实现对新用户基本数据的录入与提交，包括添加用户姓名、工作部门、个人账号、联系方式、密码等基本数据，实现用户注册的审核功能。通过审核后，完成个人注册，可以用账号和密码进入系统。

用户权限管理需要实现根据用户类别分配各功能模块使用权限的功能。

用户密码管理需要实现用户密码的查询和修改等功能，帮助用户找回密码。

数据库设置需要实现数据备份的时间设置、备份方式设置等功能。通过对数据库操作权限进行设置，确保建筑工程项目的数据库安全。

网络设置需要实现网络防火墙的参数设置、访问权限设置和IP地址设置等功能，确保建筑工程项目的网络安全。

界面设置需要实现用户根据个人爱好和使用习惯，对系统的字体、颜色、功能布局和风格等进行设置，更好地提升用户体验和使用舒适度。

第二节　基于 BIM 技术的建筑综合管理系统的具体设计

一、系统总体架构设计

系统总体架构设计以面向服务（SOA）的设计为理念，对系统的总体架构进行设计。系统采用B/S（Browser/Server，客户端与服务器交互）的结构模式设计，B/S具有共享性强、维修方便、总体成本低等特点。传统系统中主要缺少信息之间联动，利用BIM技术可有效解决信息间的移交与传递问题。基于以上思路设计的基于BIM技术的建筑综合管理系统架构主要包括五个层次：基础层、数据层、接口层、网络层、应用层和表现层，如图9-8所示。

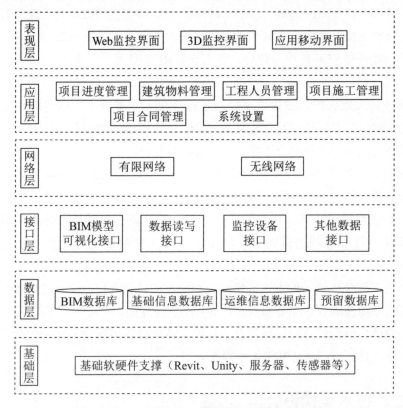

图 9-8　基于 BIM 技术的建筑综合管理系统架构

基础层是基于BIM技术的建筑综合管理系统的基础保证，主要提供基础的软件及硬件支撑，如BIM三维建模软件Revit、三维可视化引擎Unity、服务器以及传感器等一切建筑工程管理所需的基础软硬件支撑，为系统的搭建提供最基础的服务。

数据层为平台提供海量数据汇集存储，将收集原始信息如BIM模型信息、设备采购安装信息、运营维护信息、图纸资料等整合加工集成到相应各类库中，为基于BIM技术的建筑综合管理系统的各种应用提供基础支持，为大数据的挖掘、分析提供数据支撑，提供高价值的数据服务以及实现对数据的调度和响应。同时这些数据可以以多种形式在数据库中存储，如文档、图片、CAD图纸、图表以及影像等。

接口层为实现信息交互提供基础保障。系统融合海量、多源、异构的数据，因此需要多接口支持数据之间的转换，如BIM模型可视化接口、数据读写接口、监控设备接口等。BIM模型的可视化接口实现BIM模型的浏览查看；数据读写接口支持Word、JPG、CAD、Excel、MP4等多类型数据格式的读取和写入；监控设备接口实现运维管理中监测设备收集、存储数据的取调应用，如监控视频、能耗监控设备等。此外，还有支持RFID信息、二维码扫描等的数据接口。

网络层为数据的传输提供良好的运行环境，主要分为有线网络和无线网络。基于BIM技术的建筑综合管理系统将收集、管理的数据信息通过网络层传送到应用层，为应用层的应用提供良好的环境基础。

应用层是基于BIM技术的建筑综合管理系统应用与服务的具象体现，包括项目进度管理、建筑物料管理、工程人员管理、项目施工管理、项目合同管理和系统设置等功能模块。同时，应用层的功能模块是一个开放的端口，可根据具体且实际的需求进行二次扩展，从而使功能更加完善，系统更加完整。

表现层即是以统一的方式提供应用和服务的访问入口，支持使用者在不同浏览器或移动终端获取服务和资源，如Web监控界面、3D监控界面、应用移动界面，为信息的即时获取提供便利。当然，不同使用者通过不同的信息门户访问本系统，其获取的服务和资源也存在差异。

二、技术架构设计

（一）总体技术架构设计

目前，常用的网络应用模式主要有"浏览器—服务器（Browser-Server，BS）"模式，"客户端—服务器（Client-Server，CS）"模式及"点对点（Peer-to-Peer，P2P）"模式三种，它们有着各自的特点和应用范围。

由于BIM平台需要以三维图形作为最基本的表现，对客户端的图形表现有较强的需求，且三维模型数据量极其巨大，模型变换和渲染所需的计算量也很大，不适合全部放在服务器端处理。此外，在统计分析等需要图表进行显示方面，CS结构的客户端表现能力更加符合BIM平台的要求。

BIM平台的系统架构为典型的CS结构，服务器端配置路由器、防火墙以及SQL Server服务器一台，负责提供数据存储、访问和管理等服务。客户端是可连接入网络的个人计算机，以及支持无线网络传输的手持终端。

（二）BIM 数据库架构设计

基于IFC标准的BIM数据库，用一种全局通用属性表方法（主要设备和材料的属性页面使用的属性字段是全局设定），建立了一个囊括全生命周期数据的数据库，开发了便捷、安全、可靠的数据接口，能满足市面上绝大多数的设计和管理平台的数据需要，也能满足各种个性定制平台的数据需要，是BIM平台运维管理系统的后台数据中心。

参考IFC标准体系，将实体和关系区分，项目数据库中数据表总体分为元数据表和关系表两类。元数据表包括三维模型信息、基本信息、维护维修信息、紧急预案信息、项目环境信息、版本日志信息六个模块。关系表又分为项目级和专业级等层次。

（三）知识库架构设计

1. 图纸管理

图纸管理中包含了与项目相关的所有图纸，按照图纸的不同用途以及所属不同的专业进行分类管理，同时实现了图纸与构件的关联，能够快速地找到构建的图纸。同时实现了三维视图与二维平面图的关联。用户通过选择专业以及输入图纸相关的关键字，可快速地查找图纸，并且打开图纸。

2. 培训资料与操作规程

知识库中储存了设备操作规程、培训资料等，当工作人员在操作设备的过程中遇到问题时，可以在系统中快速找到相应的设备操作规程进行学习，以免操作出错导致损失，同时在新人的培训以及员工的专业素质提升方面也提供资源支持。

3. 模拟操作

模拟操作是通过动画的方式更加形象、生动地去展现设备的操作、安装以及某些系统的工作流程等，同时其在内部员工的沟通上也有很大的帮助。模拟操作设置方式，添加模拟操作的名称，为该模拟操作设置构件模拟顺序。

（四）关键技术介绍

1.BIM 技术

BIM技术是数字模拟技术在项目实际工程中的直接体现，解决了软件对实际房产项目的描述问题，为管理人员提供了需要的信息，使其能够正确应对各种信息，同时为协同工作的进行做好铺垫。建筑信息模型支持房产项目的集成化设计与管理，大大提高了工作效率并减少了风险。

2. 异构信息传递共享技术

本系统改变以往软件"各人自扫门前雪"的风格，将诸多相关软件的功能进行有机结合，并设计了一套"一次建模、全程受益"的信息传递路径，使得不同公司的软件功能可以利用同一个模型进行多次实现，免去了以往烦琐的重复劳动过程，最大化地减少了人工的工作量，真正达到了集成管理所倡导的信息化数据传递。

3. 现代化建筑运维集成管理系统与 Web 平台的集成技术

本系统将现代化建筑运维集成管理系统与Web平台进行有机集成。由于模型的可复制性特点及Web网络管理平台的实现，可以使得诸多项目参与方都有权限对自己所负责的模型的相应部分进行变更，并能够以最快的速度得到模型每一次变更的相关信息，免去了传统信息传递的时间，真正达到项目变更与项目管理的无缝对接，实现多方协同管理的效果，减少时间、人力、物力的消耗，提高项目管理的效率。

4. 数据交互技术

数据交互技术是指实现两种或者两种以上的不同数据格式互相转换，进而实现不同平台的信息共享使用的技术。本系统开发过程中所用到的数据交互技术是基于两种思路的：一种是通过对不同格式数据的结构分析，设计数据转换的数据接口，形成插件或者软件，实现数据交互；另一种是通过不断的实验和软件支持数据格式总结，通过中间数据格式进行数据转换，进而实现数据交互。

5.Web 应用技术

Web技术是互联网的核心技术之一，它实现了客户端输入命令或者信息，Web服务器响应客户端请求，通过功能服务器或者数据库查询，实现客户端用户的请求。本系统的开发主要运用了Web技术中的B/S核心架构。B/S架构对客户端的硬件要求很低，只需要在客户端的计算机上安装支持的浏览器就可以了，而浏览器的界面都是统一开发的，可以降低客户端用户的操作难度，进而实现更加快捷、方便、高效的人机交互。

三、系统时序图设计

在基于BIM技术的建筑综合管理系统各功能模块中，有明确时序要求的功能主要有建筑物料管理、项目进度管理、施工管理和项目合同管理。下面将对这四个功能模块的时序进行设计分析。

（一）建筑物料管理功能时序

建筑物料管理功能的时序节点主要有物料入库登记、物料使用申请、物料出库管理、物料领用管理等。建筑物料管理功能的时序图设计如图9-9所示。

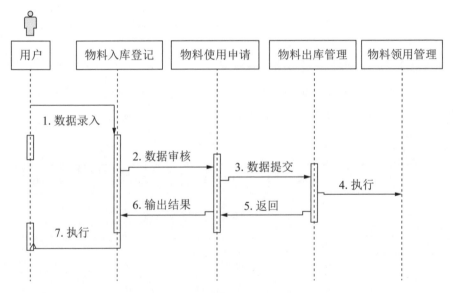

图 9-9　建筑物料管理功能的时序图设计

（二）项目合同管理功能时序

项目合同管理功能的时序节点主要有合同登记管理、合同审核管理、合同执行管理、合同文档借阅管理等。项目合同管理功能的时序图设计如图9-10所示。

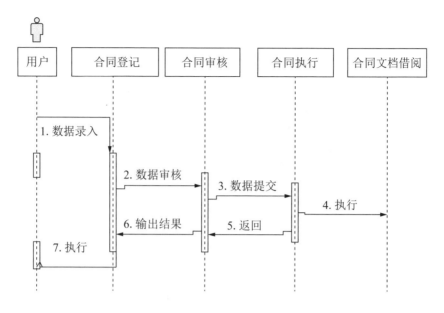

图 9-10　项目合同管理功能的时序图设计

（三）项目进度管理功能时序

项目进度管理功能的时序主要包括进度生成、进度审核、进度执行、进度提醒等功能。项目进度管理功能的时序图设计如图9-11所示。

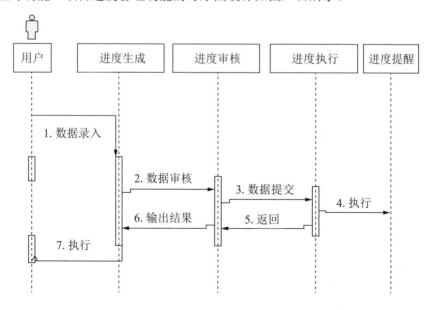

图 9-11　项目进度管理功能的时序图设计

（四）项目施工管理功能时序

项目施工管理的时序节点主要包括成本预算管理、成本核算管理、报表管理和台账管理等。项目施工管理功能的时序图设计如图 9-12 所示。

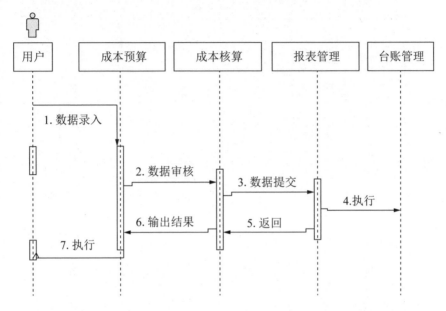

图 9-12　项目施工管理功能的时序图设计

四、基于 BIM 技术的建筑综合管理系统的设计与实现

（一）建筑物料管理功能的设计与实现

1. 功能的设计

首先利用 BIM 软件建立 BIM4D 模型，通过模型计算工程量、统计物料用量，同时材料用量也会自动生成。管理人员按照专业类别和型号规格即可进行详细查询，为工程材料的采购和保管提供准确细致的信息支撑。此外，管理人员可以按照需要进行分时间段汇总、分施工段汇总、分楼层汇总，汇总统计施工所需的物资消耗量，然后据此编制物资使用计划、月度或季度物料准备计划、施工限额领料单，进行精确细致的物料统计和管理。

2. 功能的实现

建筑物料管理功能实现流程如图 9-13 所示。

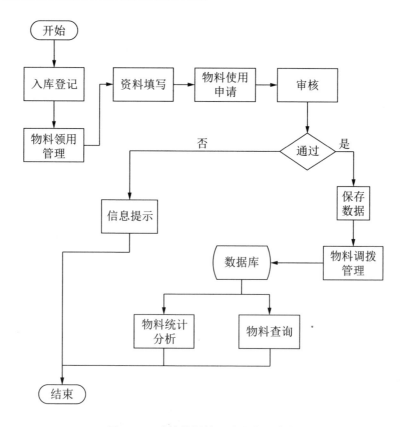

图 9-13 建筑物料管理功能实现流程

（二）项目合同管理功能模块的设计与实现

1. 功能的设计

通过将Revit、Tekla等软件建立相关的BIM模型，结合Project、Word、Excel等办公软件的数据，与各个参与方自身软件进行数据接口，使合同管理部门能够直接从数据库中提取合同有关的信息，并且该数据会随着原始数据的改变而发生改变，即数据能及时更新，从而实现工程项目的顺利进行。当BIM模型变动时，自动分析变动部分的状态属性，并对是否存在工期和成本影响做出相应预警，查看合同一致性。

2. 功能的实现

项目合同管理功能实现流程如图 9-14 所示。

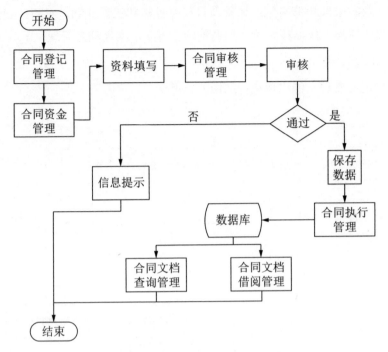

图 9-14　项目合同管理功能实现流程

（三）项目进度管理功能模块设计与实现

1. 功能的设计

运用BIM技术进行项目进度管理，是在3D实体模型的基础上加入施工进度计划，形成BIM4D模型，以动态地展示项目建造过程。在BIM4D模型中可以提供横道图、网络图、进度曲线、资源曲线等多种分析方法和跟踪方法。横道图和网络图是项目施工进度计划的具体表示，包括项目分解和项目施工节点。利用进度曲线对比计划进度和实际进度，并在实体模型中以颜色区分已完成和未完成。资源曲线用于展示项目建造过程中的资源分配情况和使用情况。

利用BIM管理软件进行施工进度模拟的流程为：①将BIM模型进行材质赋予；②制订Project计划；③将Project文件与BIM模型链接；④制定构件运动路径，并与时间链接；⑤设置动画视点并输出施工模拟动画。

在实际应用中，管理人员可以在BIM4D模型中实时更新项目进度信息，分析对比实际进度和计划进度，计算实际工程量和计划工程量，再结合施工现场情况，找出施工过程中存在的进度偏差和其他问题。然后，施工人员针对发现的问题，及时采取纠偏措施；调整项目局部目标和工作计划，对新计划开展模拟、跟踪和控制工作，按照新计划调整施工方案，实现动态管理。

2. 功能的实现

项目进度管理功能实现流程如图9-15所示。

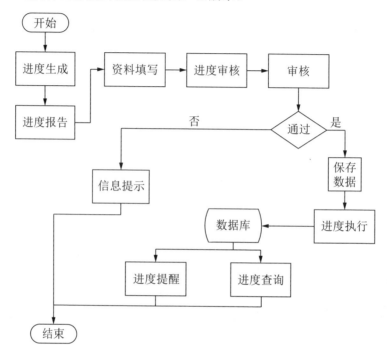

图 9-15　项目进度管理功能实现流程

（四）工程人员管理功能模块的设计与实现

1. 功能的设计

通过在云端存储工程各参与方（包括参建管理人员、施工人员、施工班组、供应商等人员）的人员信息，包括职位、姓名、性别、联系方式、所属单位等信息，并利用BIM技术搭建参与方的树形组织架构，从而实现对工程人员的管理。在施工过程中，施工人员的行为都会上传到本系统中，并直接与施工人员的绩效、工资挂钩，决定了管理人员对施工人员的奖惩决策。

2. 功能的实现

工程人员管理功能实现流程如图9-16所示。

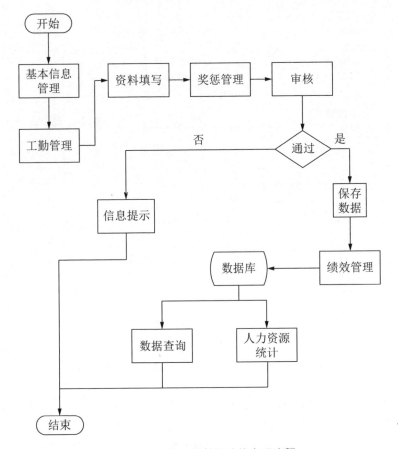

图 9-16 工程人员管理功能实现流程

（五）项目施工管理功能的设计与实现

1. 功能的设计

项目施工管理包括很多活动，这里以成本管理为例，介绍项目施工管理功能设计流程。首先，建立成本数据库，并将成本数据及时录入成本数据库；其次，将各分部分项工程预期成本数据和实际成本数据录入成本BIM模型中；最后，根据工程进展情况，及时调整各种资源的消耗量，调整实际成本数据，动态维护成本BIM模型，使其在很短的时间内即可完成成本汇总、统计。

2. 功能的实现

项目施工管理功能实现流程如图9-17所示。

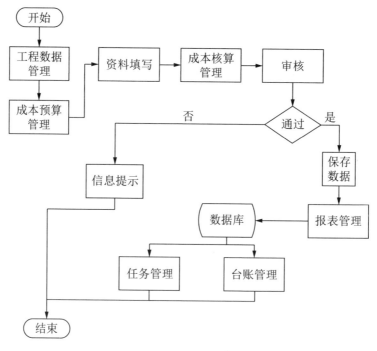

图 9-17 项目施工管理功能实现流程

总的来说，基于BIM技术的建筑综合管理系统能够实现以下施工管理功能：全专业BIM模型的集成和浏览，记录管理工程质量、安全问题，对工程进度、成本信息的集成查看，5D施工流程模拟，自动生成工作报表，合约管理、三算对比，墙体自动排砖，工程量、物资量快速提取，工程流水段信息查看。

（六）系统设置功能模块设计与实现

1. 功能的设计

为方便对项目工程的管理，并为施工管理人员提供良好的用户体验，系统提供了用户管理、网络设置、页面设置等功能，并提供了与其他系统进行数据交换与共享的接口。

用户管理功能可实现用户的增删改查，同时设定初始密码、用户权限、用户角色、用户E-mail，可以使各级管理者管理到不同的数据，并支持数据的查询、统计及导出Excel文件。

网络设置功能可实现对网络防火墙参数、IP地址等的设置。

页面设置功能可实现用户对页面布局、字体颜色等的设置。

2. 功能的实现

系统设置功能实现流程如图9-18所示。

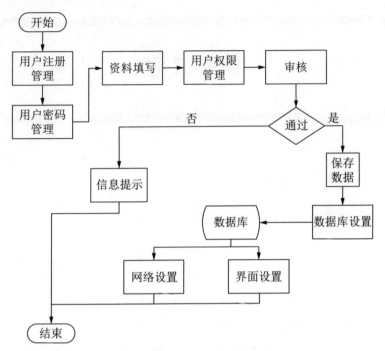

图 9-18 系统设置功能实现流程

参考文献

[1]尹素花.建筑工程项目管理[M].北京：北京理工大学出版社，2017.

[2]刘晓丽.建筑工程项目管理[M].2版.北京：北京理工大学出版社，2018.

[3]杨平，刘新强，邓聪.建筑工程项目管理[M].成都：电子科技大学出版社，2016.

[4]郝永池.建筑工程项目管理[M].北京：人民邮电出版社，2016.

[5]王云.建筑工程项目管理[M].北京：北京理工大学出版社，2012.

[6]林立.建筑工程项目管理[M].北京：中国建材工业出版社，2009.

[7]程国强.BIM改变了什么，BIM+建筑施工[M].北京：机械工业出版社，2018.

[8]彭靖.BIM技术在建筑施工管理中的应用研究[M].长春：东北师范大学出版社，2017.

[9]李建成.漫话BIM[M].北京：中国建筑工业出版社，2018.

[10]徐照，徐春社，袁竞峰，等.BIM技术与现代化建筑运维管理[M].南京：东南大学出版社，2018.

[11]龚剑.工程建设企业BIM应用指南[M].上海：同济大学出版社，2018.

[12]李建成.建筑信息模型BIM应用丛书 BIM应用：导论[M].上海：同济大学出版社，2015.

[13]刘海阳.BIM技术应用现状及政府扶持政策研究[M].北京：经济管理出版社，2018.

[14]金睿.建筑施工单位BMI应用基础教程[M].杭州：浙江工商大学出版社，2016.

[15]李慧民.BIM技术应用基础教程[M].北京：冶金工业出版社，2017.

[16]刘占省，孟凡贵.BIM项目管理[M].北京：机械工业出版社，2018.

[17]张雷，董文祥，哈小平.BIM技术原理及应用[M].济南：山东科学技术出版社，2019.

[18]李勇.建设工程施工进度BIM预测方法[M].北京：化学工业出版社，2016.

[19]左文松.论建筑工程管理的信息化发展[J].市场周刊（理论版），2018（48）：18.

[20]邓长建，陈震宙.浅谈建筑工程管理的信息化发展[J].建筑·建材·装饰，2018（24）：26.

[21]郑启洲.BIM在建筑工程管理中的应用[J].建筑工程技术与设计，2017（16）：4314.

[22]尹志刚. 探析建筑工程管理的信息化发展路径[J].建筑工程技术与设计，2019（20）：4753.

[23]于方艳，陈亮，冷超群. 浅析建筑工程管理的信息化发展[J].广东蚕业，2017（10）：13.

[24]范明岩. 信息化背景下的建筑工程管理[J].中国房地产业，2021（7）：111.

[25]赵东森. BIM 技术在建筑工程施工中的优势及应用探析[J].建筑工程技术与设计，2018（28）：1466.

[26]刘媛媛. BIM技术在建筑施工中的应用[J].江西建材，2021（2）：157-158.

[27]蔡蔚. BIM在建筑设计中的优势分析[J].建筑工程技术与设计，2018（2）：579.

[28]万玲，黄建功. 湛江市建筑行业BIM技术应用现状及阻碍研究[J].建筑经济，2019（8）：116-120.

[29]朱旭，康婷. BIM技术在建筑设计中的应用及推广策略[J].砖瓦世界，2020（4）：48.

[30]张雪敏. BIM技术在我国的发展分析与研究[J].农家参谋，2018（5）：238.

[31]周旭. 建筑工程项目招投标管理中存在的问题与对策[J].中国建筑装饰装修，2021（8）：168-169.

[32]蒋莎. 关于建筑工程招投标发展形势之浅见[J].建筑与装饰，2021（3）：79.

[33]张云华，谢毅晖. 基于BIM技术的工程项目招投标管理[J].建筑工程技术与设计，2020（10）：2890.

[34]朱云杰，王书帆. BIM技术在工程招投标管理中的应用[J].建筑工程技术与设计，2020（23）：208.

[35]王上博. 浅谈BIM技术在工程合同管理中应用的障碍及对策[J].建筑工程技术与设计，2020（2）：2721.

[36]谭文凌. 浅谈 BIM 技术在工程合同管理中应用的障碍及对策[J].建筑工程技术与设计，2018（17）：3968.

[37]庞佳丽，朱海波. 浅谈BIM技术在工程合同管理中应用的障碍及对策[J].价值工程，2016（32）：79-80.

[38]杜毅. BIM 技术在项目管理中的应用[J].高铁速递，2020（4）：116-118.

[39]沈艾. BIM技术在建筑设计阶段的应用[J].居舍，2019（10）：68.

[40]何峰. BIM 技术在建筑设计阶段的应用[J].建筑工程技术与设计，2019（15）：1612.

[41]袁翔. BIM工程概论[M].成都：西南交通大学出版社，2017.

[42]宇文华，徐丽. 建筑工程施工进度管理中BIM技术的应用[J].房地产导刊，2020（30）：133，143.

[43]程盼. 浅析施工项目进度管理中BIM技术应用[J].建材与装饰，2018（26）：158-159.

[44]梁俊红. 建筑工程质量管理中BIM技术的应用分析[J].装饰装修天地，2019（11）：41.

[45]杨长岭. 建筑施工质量管理中 BIM 技术的应用[J].建筑工程技术与设计，2019（27）：3086.

[46]陈利华. 建筑工程质量管理中 BIM 技术的应用分析[J].建筑工程技术与设计，2019（12）：371.

[47]倪冰. 建筑工程质量管理中 BIM 技术的应用分析[J].建筑工程技术与设计，2019（31）：4511.

[48]徐歆. 探究建筑工程质量管理中BIM技术的应用[J].建筑工程技术与设计，2020（18）：405.

[49]于志. 基于 BIM 的建筑工程施工安全管理[J].建筑工程技术与设计，2020（12）：2670.

[50]臧海月. 基于BIM的建筑工程施工安全管理[J].装饰装修天地，2020（1）：98.

[51]袁野. 论 BIM 的建筑工程施工安全管理[J].建筑工程技术与设计，2020（5）：1011.

[52]李冰. BIM技术的建筑工程安全管理[J].现代物业（中旬刊），2021（3）：119.

[53]季方. 建筑工程成本管理中BIM技术的运用[J].建筑工程技术与设计，2020（15）：2403.

[54]王兰岩. 浅议 BIM 应用下的成本管理[J].建筑工程技术与设计，2019（2）：2395.

[55]崔永浩. BIM技术的建筑施工项目成本管理[J].建筑工程技术与设计，2019（18）：3286.

[56]王仪萍. 基于 BIM 技术的工程项目信息管理模式与策略[J].建筑工程技术与设计，2018（12）：5381.

[57]贾玲. 基于BIM技术的工程项目信息管理模式与策略[J].工程技术研究，2017（12）：144-145.

[58]田志芳. BIM技术在建筑工程施工组织与管理中的应用研究[J].工程技术研究，2020（20）：147-149.

[59]王龙. BIM技术在建筑工程施工组织与管理中的应用研究[J].消费导刊，2021（6）：27.

[60]丁志胜. BIM技术在建筑施工管理中的应用[J].湖北水利水电职业技术学院学报，2020（2）：49-51.

[61]米丽梅. BIM技术在建筑工程施工设计及管理中的应用[J].山西建筑，2021（12）：188-190.

[62]张德军. 浅析BIM技术在建筑工程项目管理中的应用[J].建设监理，2018（4）：11-13.

[63]刘珩. BIM技术在上海中心大厦外幕墙工程中的应用[J].土木建筑工程信息技术，2013（5）：79-87，97.

[64]康炳泰. 浅谈BIM技术在幕墙工程中的应用[J].城市建设理论研究（电子版），2016

（11）：5412.

[65]李璞.市政道路工程中BIM技术的应用研究[J].建材发展导向，2019（3）：222.

[66]林睿颖，金珊珊.BIM技术在道路工程中的应用[J].交通世界（上旬刊），2019
（6）：7-9.

[67]王胜霞.BIM技术在道路工程中的应用[J].甘肃科技纵横，2020（8）：63-65.

[68]潘俊武，杜泽杭，鲁嘉.BIM技术在医院建筑施工管理中的应用[J].低温建筑技术，2021
（4）：147-149，153.

[69]孙培珊，陈苏妍，于浩淼，等.BIM技术在医院建筑设计阶段的应用研究[J].中国医院建
筑与装备，2021（2）：82-84.

[70]王瑶蓁.BIM技术在医院建筑施工中的应用研究[J].建筑工程技术与设计，2021
（11）：935.

[71]周志浩.谈BIM技术在住宅小区（群体）工程施工中的应用[J].现代物业（新建设），
2020（4）：164.

[72]金文，吴哲.BIM技术在预制装配式住宅工程中的应用[J].建筑施工，2017（12）：
1836-1838.

[73]梁耸.BIM技术在某住宅工程施工进度管理中应用[J].住宅与房地产，2019（12）：101.

[74]陈翠琼.BIM技术在某住宅工程施工进度管理中应用[J].福建建筑，2018（11）：38-41.

[75]朱磊，陈英杰，王俊平，等.BIM技术在住宅建筑施工中的应用[J].建筑技术开发，2020
（1）：80-82.

[76]唐金铜，刘飞龙，李勇.BIM技术在高端住宅小区中的典型应用研究[J].工程建设与设
计，2017（4）：210-211.

[77]赵杏英，陈沉，杨礼国.BIM与GIS数据融合关键技术研究[J].大坝与安全，2019
（2）：7-10.

[78]黄崧，王海洋，余俊挺，等.基于BIM和GIS的智慧矿山信息系统构建[J].价值工程，
2019（11）：184-186.

[79]韩文君，梁园，胡今强.基于BIM-GIS可视化交互平台的地铁车站建模拆分研究[J].铁
道建筑技术，2020（7）：17-21.

[80]万玲，白越.BIM技术和物联网技术在建筑物流管理中的集成应用价值研究[J].项目管理
技术，2020（10）：38-42.

[81]张云翼，林佳瑞，张建平.BIM与云、大数据、物联网等技术的集成应用现状与未来[J].
图学学报，2018（5）：806-816.

[82]叶肖敬，周朝辉，朱永.基于BIM与物联网技术的智慧工地建设[J].江苏建材，2019
（A1）：75-77.

[83]李伟，刘琦，郭露鹏.基于BIM与物联网技术的建筑施工安全管理系统构建[J].建筑施工，2020（11）：2187-2190.

[84]李金云.BIM技术与VR技术结合方法的研究[J].山西建筑，2020（17）：191-193.

[85]王子君.建筑施工BIM技术和VR技术浅谈[J].现代物业（中旬刊），2019（6）：48-49.

[86]张俊，张宇贝，李伟勤.3D激光扫描技术与BIM集成应用现状与发展趋势[J].价值工程，2016（14）：202-204.

[87]张晟熙.BIM技术在装饰装修项目施工阶段的运用[J].厦门理工学院学报，2018（3）：78-84.

[88]马凯，王子豪.基于"BIM+信息集成"的智慧工地平台探索[J].建设科技，2018（22）：26-30，41.

[89]范学宁，汤杰，郑爱武，等.BIM与数字化加工技术在钢结构中的应用[J].洛阳理工学院学报（自然科学版），2017（3）：20-23.

[90]饶淇，鲁少虎，魏志鹏，等.BIM+智能全站仪在双曲非同心圆坡道测量中的应用[J].施工技术，2017（6）：129-131，140.

后 记

　　目前，BIM技术在建筑领域中的应用非常广泛，且这一技术已经在建筑行业得到认可。这是因为，一方面BIM技术可以实现对建筑信息数据的高度集成，确保信息的完整性，从而提升和完善建筑工程管理的质量和效率；另一方面，BIM技术能够通过建模扩充建筑信息，有利于管理工作的系统展开，使建筑工程顺利完工。基于此，本书对建筑工程管理中的BIM技术应用研究展开了分析。

　　本书在撰写的过程中，首先通过概念的界定和论述，让读者对BIM技术在建筑工程管理中的应用有一个大致的了解；然后介绍不同参与方对BIM技术的应用，在此过程中适时地结合图片和实例进行讲解，使内容既生动又丰富；最后通过深入研究基于BIM技术的建筑综合管理系统的设计与实现，试图设计出一款通用型的建筑管理系统。

　　总的来说，对于建筑工程管理中BIM技术应用的研究是一个长期的系统化工程，需要相关工作者不断探索与实践。笔者由衷地期待全社会共同努力，以推动BIM技术在建筑工程管理中多角度、多方面、更深入地应用。

　　本书在撰写过程中得到了社会各界的广泛支持，在此表示深深地感谢！由于笔者学识有限，虽然撰写过程中已经做出很大努力，但书中难免存在不足之处，希望得到各位同行及专家的批评、指正。

杨方芳

2022年2月